Mario Enrique Echeverría Yánez
Luis Villacís
Iván Zambrano

Diseño, Simulación y Optimización de un proceso industrial

Mario Enrique Echeverría Yánez
Luis Villacís
Iván Zambrano

Diseño, Simulación y Optimización de un proceso industrial

Diseño Industrial

Editorial Académica Española

Imprint
Any brand names and product names mentioned in this book are subject to trademark, brand or patent protection and are trademarks or registered trademarks of their respective holders. The use of brand names, product names, common names, trade names, product descriptions etc. even without a particular marking in this work is in no way to be construed to mean that such names may be regarded as unrestricted in respect of trademark and brand protection legislation and could thus be used by anyone.

Cover image: www.ingimage.com

Publisher:
Editorial Académica Española
is a trademark of
International Book Market Service Ltd., member of OmniScriptum Publishing Group
17 Meldrum Street, Beau Bassin 71504, Mauritius

Printed at: see last page
ISBN: 978-3-639-78302-5

DISEÑO, SIMULACIÓN Y OPTIMIZACIÓN DE UN PROCESO INDUSTRIAL DISCRETO E HÍBRIDO EN EL ÁREA DE FABRICACIÓN Y ENSAMBLAJE

MARIO ENRIQUE ECHEVERRÍA YÁNEZ, MSc.

LUIS FRANCISCO VILLACÍS BUENAÑO, MSc.

IVÁN ZAMBRANO, MSc.

AGRADECIMIENTOS

Un eterno agradecimiento al Ing. Iván Zambrano por sus dotes de profesor y amigo, sin su guía no hubiésemos logrado este título.

A la Politécnica Nacional, que ha sido mi segundo hogar y la casa donde he obtenido mis logros académicos más relevantes.

A Luis, compañero de estudio e investigación, seguro que esto será un logro más en su camino de permanente dedicación.

Mario

En primer lugar quisiera agradecer al Ing. Iván Zambrano, quien además de ser el mentor de esta tesis, ha sido quien nos ha guiado y conducido en el desarrollo de la misma y ha sido vital para la culminación del proyecto.

Quisiera dar las gracias a mi compañero Mario por su compromiso, don de gente, dedicación y porque fue quien me hizo parte de este proyecto.

Agradezco a mis padres, Jaime y Rosa, a quienes tantas veces he recurrido por su sabiduría y porque nunca han dejado de confiar en mí. Es una bendición tenerlos.

También quiero agradecer a mis hermanos, Roberto y Emilio, que a pesar de sus ocupaciones, siempre están pendientes de mí y de mi familia.

Quisiera dar las gracias a mis hijos Elías y Andrés por estos dos años que no he podido dedicarles el tiempo que me habría gustado. Ambos me han hecho una mejor persona.

Por último, quisiera dar las gracias a mi mujer Yolanda. Sin tu apoyo este trabajo nunca se habría escrito y, por eso, este trabajo también es tuyo.

Luis

DEDICATORIA

A Dios por ser la base de todo cuanto logro y produzco.

A mis padres, que desde el cielo me guían con su espíritu de amor eterno, hoy más que nunca los siento a mi lado.

A mi esposa y mis hijas que son mi presente y mis objetivos en el futuro, un abrazo de entrega eterna que envuelve siempre mi alma.

Mario

A Yolanda, Elías y Andrés

Luis

CONTENIDO

AGRADECIMIENTOS i

DEDICATORIA ii

CONTENIDO iii

ÍNDICE DE TABLAS vi

ÍNDICE DE FIGURAS vii

ÍNDICE DE ANEXOS x

RESUMEN xi

PRESENTACIÓN xii

CAPÍTULO 1 GENERALIDADES 1

   1.1 INTRODUCCIÓN 1

   1.2 OBJETIVO GENERAL 2

   1.3 OBJETIVOS ESPECÍFICOS 2

   1.4 ALCANCE 3

   1.5 JUSTIFICACIÓN DEL PROYECTO 4

CAPÍTULO 2 INTRODUCCIÓN A LA INGENIERÍA CONCURRENTE 5

   2.1 DEFINICIÓN DE INGENIERÍA CONCURRENTE 5

   2.2 INGENIERÍA TRADICIONAL VS. INGENIERÍA CONCURRENTE 7

   2.3 DFMA E INGENIERÍA CONCURRENTE 10

   2.4 DISEÑO PARA SEIS SIGMA 12

   2.5 TENDENCIAS DE LA INGENIERÍA CONCURRENTE 13

   2.6 HERRAMIENTAS Y TÉCNICAS DE LA INGENIERÍA CONCURRENTE 14

   2.7 DISEÑO ROBUSTO DE TAGUCHI 15

   2.8 MANUFACTURA FLEXIBLE 18

      2.8.1 BENEFICIOS DE LA MANUFACTURA ESBELTA 19

      2.8.2 ELIMINACIÓN DE DESPILFARROS 20

      2.8.3 TÈCNICAS DE LA MANUFACTURA ESBELTA 21

CAPÍTULO 3 SIMULACIÓN Y OPTIMIZACIÓN DE PROCESOS INDUSTRIALES 24

   2.9 SISTEMA. EXPERIMENTO. MODELO 24

   2.10 LA SIMULACIÓN 25

      2.10.1 PROPÓSITOS DE LA SIMULACIÓN 26

      2.10.2 VENTAJAS DE LA SIMULACIÓN 26

2.10.3   DESVENTAJAS DE LA SIMULACIÓN 27

2.10.4   ALGUNAS CONSIDERACIONES SOBRE LA SIMULACIÓN 28

2.10.5   CLASIFICACIÓN DE LA SIMULACIÓN..29

2.10.6   FASES DE UN PROYECTO DE SIMULACIÓN 30

2.10.7   APLICACIONES DE LA SIMULACIÓN 32

2.10.8   LENGUAJES DE SIMULACIÓN..35

2.10.9   SIMULACIÓN DE PROCESOS DE FABRICACIÓN Y ENSAMBLAJE 36

2.10.10   BENEFICIOS DE LA SIMULACIÓN DE PROCESOS DE FABRICACIÓN
Y ENSAMBLAJE 36

2.11 LA OPTIMIZACIÓN 37

CAPÍTULO 4 APLICACIÓN DEL SOFTWARE PARA UN PROCESO INDUSTRIAL EN
LAS ÁREAS DE FABRICACIÓN Y MONTAJE DE EMPRESAS PARA
PROCESO DISCRETO 40

4.1   CARACTERÍSTICAS GENERALES DE LA EMPRESA 40

4.2   PROYECTO DE LA TUBERÍA DE PRESIÓN CENTRAL ALLURIQUÍN
HIDROELÉCTRICA TOACHI – PILATÓN EN SEDEMI 41

4.3   APLICACIÓN DE LA METODOLOGÍA DE SIMULACIÓN 46

4.3.1 FORMULACIÓN DEL PROBLEMA..46

4.3.2 RECOLECCIÓN DE DATOS 49

4.3.3 DISEÑO CONCEPTUAL DEL MODELO..53

4.3.4 CONSTRUCCIÓN DEL MODELO..54

4.3.5 VERIFICACIÓN Y VALIDACIÓN DEL MODELO..57

4.3.6 ANÁLISIS Y EXPERIMENTACIÓN 60

4.3.6.1   Primer experimento 60

4.3.6.2   Segundo experimento 66

4.3.7 DOCUMENTACIÓN DE RESULTADOS 71

4.4   OPTIMIZACIÓN DEL PROCESO SIMULADO..71

4.4.1 OBJETIVO DE LA OPTIMIZACIÓN 71

4.4.2 FORMULACIÓN DEL PROBLEMA DE OPTIMIZACIÒN 71

4.4.2.1   Variables de decisión 72

4.4.2.2   Retroalimentación con el simulador (feedback)..72

4.4.2.3   Restricciones 73

4.4.2.4   Función objetivo..73

CAPÍTULO 5 APLICACIÓN DEL SOFTWARE PARA UN PROCESO INDUSTRIAL EN
LAS ÁREAS DE FABRICACIÓN Y MONTAJE DE EMPRESAS PARA
PROCESO HÍBRIDO 78

5.1   CARACTERÍSTICAS GENERALES DE LA EMPRESA 78

5.2 PRODUCCIÓN DE PINTURAS 79

5.3 DIAGRAMA DE FLUJO DE LA PRODUCCIÓN DE PINTURAS 81

5.4 APLICACIÓN DE LA METODOLOGÍA DE SIMULACIÓN 83

  5.4.1 FORMULACIÓN DEL PROBLEMA 83

  5.4.2 RECOLECCIÓN DE DATOS 84

  5.4.3 DISEÑO CONCEPTUAL DEL MODELO 89

  5.4.4 CONSTRUCCIÓN DEL MODELO 90

  5.4.5 VERIFICACIÓN Y VALIDACIÓN DEL MODELO 92

    5.4.5.1   Análisis y experimentación 92

    5.4.5.2   Análisis de resultados 96

5.5 OPTIMIZACIÓN DEL MODELO SIMULADO 97

  5.5.1 OBJETIVO DE LA OPTIMIZACIÓN 97

  5.5.2 DESARROLLO DEL PROCESO DE OPTIMIZACIÓN 97

    5.5.2.1   Variables de decisión 97

    5.5.2.2   Restricciones 98

    5.5.2.3   Función objetivo 99

    5.5.2.4   Selección de la solución óptima (más aconsejable) 101

CAPÍTULO 6 CONCLUSIONES Y RECOMENDACIONES 105

6.1 CONCLUSIONES 105

6.2 RECOMENDACIONES 106

BIBLIOGRAFÍA 116

ÍNDICE DE TABLAS

Tabla 1   Técnicas y herramientas de la Ingeniería Concurrente 15

Tabla 2   Técnicas de Lean Manufacturing 22

Tabla 3   Ventajas de la simulación 27

Tabla 4   Desventajas de la simulación 27

Tabla 5   Clasificación de la simulación 29

Tabla 6   Fases de un proyecto de simulación 30

Tabla 7   Lenguajes de simulación 35

Tabla 8   Características el proyecto de SEDEMI 43

Tabla 9   Descripción de los procesos en la fabricación de los tubos 48

Tabla 10   Recolección de datos en los procesos de fabricación de los tubos 50

Tabla 11   Datos de tiempos en los procesos de fabricación de los tubos 51

Tabla 12   Características de la empresa de pinturas 78

Tabla 13   Componentes usados en la elaboración de las pinturas 80

Tabla 14   Descripción del proceso de fabricación de las pinturas 83

Tabla 15   Operarios en la fábrica de pinturas 85

ÍNDICE DE FIGURAS

Figura 1   Equipo de trabajo multidisciplinario de la Ingeniería concurrente 6

Figura 2   Esquema de la Ingeniería concurrente 8

Figura 3   Proceso tradicional sin DFMA 9

Figura 4   Proceso con aplicación del DFMA 9

Figura 5   Secuencia aproximada de introducción de las diferentes metodologías y herramientas de la Ingeniería Concurrente al medio industrial 11

Figura 6   Aplicación de las diferentes metodologías durante el desarrollo de productos y procesos 12

Figura 7   Aplicación de las diferentes metodologías durante el desarrollo de productos y procesos 16

Figura 8   Diseño robusto de Taguchi 17

Figura 9   Beneficios de la manufactura esbelta 20

Figura 10   Desperdicios de una empresa. 21

Figura 11   Pasos para la eliminación del despilfarro 21

Figura 12   Contextualización de la simulación 26

Figura 13   Simulación de acuerdo al tipo de variable 30

Figura 14   Diagrama con las fases de un proyecto de simulación 31

Figura 15   Simulación de mejora de procesos de fabricación 32

Figura 16   Ejemplos de aplicación de la simulación a procesos logísticos 32

Figura 17   Ejemplos de simulación de robots 33

Figura 18   Simulación de la ergonomía en los puestos de trabajo 33

Figura 19   Simulación de montaje en procesos de fabricación 33

Figura 20   Simulación para máquinas CNC 34

Figura 21   Simulación de servicios en general 34

Figura 22   Relación entre la optimización y la simulación 39

Figura 23   Instalaciones de SEDEMI 40

Figura 24   Ubicación del proyecto Hidroeléctrica Toachi-Pilatón 41

Figura 25   Proyecto que le corresponde a SEDEMI 42

Figura 26   Planos de la tubería de presión 43

Figura 27   Diagrama de procesos de la tubería de presión 45

Figura 28   Fabricación de los tubos de presión de SEDEMI 47

Figura 29   Identificación y limitación de los procesos de fabricación de la tubería 49

Figura 30   Distribución de función de probabilidad para el tiempo de preparación de armado de dos rolas 53

Figura 31   Diseño esquemático del proceso de fabricación de la tubería 54

Figura 32   Layout de la fábrica importado a FlexSim 55

Figura 33   Diseño del modelo en el software FlexSim (vista superior) 55

Figura 34   Modelo en perspectiva con las respectivas conexiones 56

Figura 35   Configuración del "Performance Measures" 57

Figura 36   Corrida de 30 réplicas del modelo en Experimenter de FlexSim 57

Figura 37   Gráfica de resultados e intervalo de confianza de la producción de tubos 58

Figura 38   Comparación de la producción entre la simulación y la proyección de SEDEMI
             59

Figura 39   Estado de la roladora "DAVI" 60

Figura 40   Primer experimento 61

Figura 41   Escenarios escogidos para el primer experimento 61

Figura 42   Corrida de 30 réplicas por cada escenario 62

Figura 43   Resultados de los cinco escenarios experimentados 62

Figura 44   Comparación de la producción entre la proyección de SEDEMI, la simulación y
             el mejor escenario del primer experimento 63

Figura 45   Comparación de los beneficios entre la simulación y el mejor escenario 64

Figura 46   Comparación de los costos totales de producción entre la simulación y el mejor
             escenario 64

Figura 47   Estado de la roladora con el primer experimento 65

Figura 48   Segundo experimento 66

Figura 49   Resultados del segundo experimento 67

Figura 50   Comparación de la producción entre la proyección de SEDEMI, la simulación, el
             mejor escenario del primer experimento y el segundo experimento 68

Figura 51   Comparación de los beneficios entre la simulación y el segundo experimento .. 69

Figura 52   Comparación de los costos totales de producción entre la simulación y el
             segundo experimento 69

Figura 53   Estado de la roladora con el segundo experimento 70

Figura 54   Ingreso de variables de decisión en FlexSim 72

Figura 55   Ingreso la medida de desempeño en FlexSim 72

Figura 56   Ingreso de las restricciones en FlexSim 73

Figura 57   Ingreso de la función objetivo en FlexSim 74

Figura 58   Resultados de la optimización 74

Figura 59   Número de obreros óptimo que maximizan el beneficio 74

Figura 60   Resultados del modelo optimizado 75

Figura 61   Comparación de los beneficios entre la simulación y la optimización 76

Figura 62   Comparación de los costos entre la simulación y la optimización 76

Figura 63	Estado de la máquina roladora con la optimización	77
Figura 64	Diagrama de la producción de pinturas en PRODUTEKN	82
Figura 65	Layout de la empresa PRODUTEKN	84
Figura 66	Distribución estadística para el tiempo de proceso pesaje aditivos y pigmentos	87
Figura 67	Distribución estadística para el tiempo de proceso pesaje solventes	88
Figura 68	Distribución estadística para el tiempo de proceso etiquetado	88
Figura 69	Distribución estadística para el tiempo de proceso envasado	89
Figura 70	Diseño esquemático del proceso de fabricación de las pinturas	89
Figura 71	Layout de la empresa importado por Flexsim de archivo AutoCad	90
Figura 72	Diseño del modelo en el software FlexSim.	91
Figura 73	Conexiones del modelo en el software FlexSim	91
Figura 74	Escenarios y corridas de la Dispersadora 1	93
Figura 75	Resultados de escenarios de la Dispersadora 1	93
Figura 76	Intervalos de confianza del Experimenter de la Dispersadora 1	94
Figura 77	Escenarios y corridas de la Dispersadora 2	95
Figura 78	Resultados de escenarios de la Dispersadora 2	95
Figura 79	Intervalos de confianza del Experimenter de la Dispersadora 2	96
Figura 80	Datos de entrada para variables, restricciones y función objetivo.	100
Figura 81	Resultados del optimizador.	101
Figura 82	Selección del mejor resultado	102
Figura 83	Resultado del mejor escenario.	102
Figura 84	Selección del tercer mejor resultado	103
Figura 85	Resultado del tercer mejor escenario.	103

ÍNDICE DE ANEXOS

ANEXO A   DISTRIBUCIONES DE PROBABILIDAD PARA LOS TIEMPOS DE PREPARACIÓN Y PROCESO DE LA FABRICACIÓN Y ARMADO DE LA TUBERÍA DE PRESIÓN TOACHI PILATÓN EN SEDEMI 109

ANEXO C   INGRESOS Y EGRESOS APROXIMADOS DE SEDEMI POR CONCEPTO DE LA FABRICACIÓN Y ARMADO DE LA TUBERÍA DE PRESIÓN TOACHI PILATÓN 113

RESUMEN

El presente trabajo representa un estudio sobre el diseño, la simulación y la optimización de procesos de fabricación discretos e híbridos en dos fábricas ecuatorianas.

En el Capítulo 1 se realiza una introducción al proyecto, se establecen los objetivos, el alcance y la justificación del mismo.

En el Capítulo 2 se hace una introducción a la ingeniería concurrente, destacándose como filosofía que conlleva a la optimización de recursos y cuyas herramientas y técnicas son cada vez más adoptadas en las empresas que quieren permanecer en un mercado competitivo y globalizado.

En el Capítulo 3 se presentan las definiciones de simulación y optimización y se establece la metodología que todo proyecto de simulación debe tener.

El Capítulo 4 hace referencia al diseño, la simulación y la optimización de un proceso industrial en el área de fabricación para proceso discreto. Además, se hace un análisis económico de los beneficios que la empresa podría obtener si toma en consideración las mejoras propuestas.

En el Capítulo 5 se realiza la simulación y optimización de un proceso industrial en el área de fabricación para proceso híbrido, obteniéndose el número de máquinas óptimo que maximice el beneficio económico de una fábrica local.

Finalmente, en el Capítulo 6 se exponen las conclusiones y recomendaciones del proyecto realizado.

PRESENTACIÓN

La industria nacional, en general, no ha aprovechado las herramientas existentes en el mercado para integrar de modo eficiente mecanismos de evaluación (entornos de simulación) con mecanismos de búsqueda (optimización) que permitan dar respuesta a las necesidades de las organizaciones modernas para poder mejorar su competitividad en tiempo y costos en un mercado sometido a constantes cambios en tipo y ritmo de producción.

Uno de los principales objetivos de toda empresa productiva es la eliminación continua y sostenible de desperdicios, entendiéndose como desperdicio todo lo adicional a lo mínimo necesario de recursos (materiales, equipos, personal, tecnología, etc.) para fabricar un producto o prestar un servicio en el menor tiempo posible.

En este contexto, la simulación es una de las herramientas más importantes y más interdisciplinarias de la ingeniería, pues permite predecir, mediante corridas del modelo y a un bajo costo, cuál será el comportamiento dinámico de un proceso productivo o de una máquina que se está diseñando o del número óptimo de obreros necesarios para un proceso de producción. De esta manera, a través de la simulación, se pueden identificar los ya mencionados desperdicios como la sobreproducción, el transporte innecesario, los tiempos de espera, los movimientos redundantes tanto de materia prima como de personas, los defectos, entre otros.

La simulación constituye un instrumento inmejorable en la identificación oportuna de estos desperdicios. Luego, corresponderá a la alta gerencia de las organizaciones su posterior reducción y eliminación. Estos principios son las bases de la filosofía kaizen de mejora continua y de la manufactura flexible.

En tal virtud, el presente escrito busca divulgar y documentar las fases que todo proyecto de simulación debe tener. En particular, se ha enfocado en la simulación de procesos de fabricación discretos e híbridos en dos fábricas locales, de tal manera que el método aquí expuesto se pueda extrapolar a los procesos de otras empresas con sus respectivas realidades.

Se dejan abiertas líneas futuras de investigación como la programación en los paquetes de simulación que permitan personalizar y realizar modelos más realistas. Por ejemplo, se podría modelar y sistematizar un proceso que utilice una lógica Kanban, es decir, un sistema de información que controle de modo armónico la fabricación de los productos necesarios en la cantidad y tiempo necesarios en cada uno de los procesos que tienen lugar tanto en el interior de la fábrica, como entre distintas empresas.

CAPÍTULO 1

GENERALIDADES

En este capítulo se realiza una introducción del proyecto, se define el problema a resolver con su respectiva justificación e importancia, se declaran el objetivo general y los objetivos específicos, y se presenta el alcance del documento.

1.1 INTRODUCCIÓN

En la actualidad, las empresas ecuatorianas se están viendo obligadas a tener procesos productivos eficientes y eficaces si quieren mantenerse vigentes en un mercado cada vez más competitivo y globalizado, por lo tanto el conocimiento y aplicación de las tecnologías y filosofías que generen avances significativos en los procesos productivos no se pueden aplazar más. Diferentes alternativas de la ingeniería se presentan para que las empresas resuelvan las diversas problemáticas que se viven en el ámbito industrial, por ejemplo: aplicación de los elementos just in time (JIT), desarrollo de manufactura flexible(Lean Manufacturing), aplicación de la ingeniería concurrente, entre otros.

Dentro de estas filosofías se encuentra inmersa la simulación de procesos, la cual busca modelar un sistema real para identificar en forma rápida los desperdicios en el proceso productivo y reducirlos, mejorar la calidad del producto, incrementar el nivel del servicio al cliente y, lo más importante, reducir o eliminar trabajos atrasados.

Desde esta perspectiva, los autores del presente proyecto han observado la carencia de información sobre la aplicación de las fases de un proyecto de simulación y optimización, y la que existe se ha manejado a costos elevados y sin fundamento técnico.

Existen publicaciones en libros, revistas o páginas de Internet que mencionan sus ventajas, pero sólo proporcionan directrices superficiales para su aplicación. De igual forma, en el mercado se pueden encontrar cursos de simulación, que ofrecen empresas de consultoría a costos exorbitantes para las pequeñas empresas que buscan permanecer vigentes en el mercado.

En este documento se muestra la aplicación de la metodología de simulación, propuesta por (Vizán, 2014), para diseñar, simular y optimizar dos modelos, uno de ellos corresponde a un proceso industrial discreto y el otro híbrido en fábricas nacionales, a fin de mejorar la producción identificando déficit en la fabricación, desperdicios, logística innecesaria, entre otros desperdicios y ofrecer alternativas de mejora.

Es necesario destacar que, a pesar del inminente crecimiento tecnológico, el desarrollo vertiginoso y la actualización de las computadoras para apoyar el proceso de toma de decisiones en diversas disciplinas y áreas de diseño y manejo de la industria, el desarrollo del presente proyecto de simulación no tendría mayor validez sin el correspondiente sustento teórico y los conocimientos ingenieriles del cual goza.

1.2 OBJETIVO GENERAL

Diseñar, simular y optimizar un proceso industrial discreto e híbrido en el área de fabricación y ensamblaje.

1.3 OBJETIVOS ESPECÍFICOS

- Determinar las características principales de la ingeniería concurrente y de los procesos de diseño para la fabricación y montaje (DFMA).

- Establecer las ventajas y beneficios de la simulación en los procesos industriales.

- Especificar un proceso industrial discreto en una fábrica de gran tamaño del área local.

- Determinar un proceso industrial híbrido en una fábrica del área local.

- Definir los parámetros de trabajo de los objetos, máquinas y recursos humanos involucrados en el proceso tanto discreto como híbrido.

- Determinar los parámetros adecuados para optimizar los procesos discreto e híbrido.

- Detallar los procesos de optimización en base a la aplicación de códigos de programación.

- Analizar resultados y obtener conclusiones y recomendaciones.

1.4 ALCANCE

- Se expondrán las principales características y aplicaciones del diseño para la fabricación y montaje (DFMA), dentro de lo que representa la ingeniería concurrente.

- Se explicarán las técnicas y características de la manufactura esbelta y la metodología de Taguchi en el manejo de los procesos industriales.

- Se desarrollará un análisis de lo que representa la simulación dentro de los procesos industriales y la importancia de su aplicación.

- Se usará un programa de software aplicativo para la simulación de procesos industriales, y dentro de una amplia gama de paquetes computacionales como pueden ser: BPM (Gestor de procesos de negocios), SIMULIA®, FLEXSIM, SIMIO, ARENA, DYNSYM, entre otros se ha escogido el programa FLEXSIM debido a la versatilidad y sencillez que comprende su aplicación.

- Se hará uso de la programación para la simulación y optimización de un proceso industrial discreto e híbrido en el área de fabricación y montaje, obteniendo las conclusiones respectivas y se plantearán alternativas de mejora.

1.5 JUSTIFICACIÓN DEL PROYECTO

En la actualidad las fábricas ecuatorianas no aprovechan las herramientas existentes en el mercado para integrar de modo eficiente mecanismos de evaluación (entornos de simulación) con mecanismos de búsqueda (optimización) que permitan dar respuesta a las necesidades de las industrias para poder mejorar su competitividad en tiempo y costos en un mercado sometido a constantes cambios en tipo y ritmo de producción, afectando los principales factores de rentabilidad en un sistema productivo, como son la sobreproducción, esperas, transporte innecesario de productos y materias primas, sobre procesos, entre otros.

Se propone realizar un análisis de un proceso industrial discreto y uno híbrido de la industria local mediante el diseño, la simulación y la optimización de los mismos, a fin de mejorar la producción identificando los "desperdicios", definidos éstos como aquellos procesos o actividades que usan más recursos de los estrictamente necesarios, reduciendo tiempos, sobreproducción, cuellos de botella y logística innecesaria.

Esta aplicación de la simulación y optimización en procesos industriales quedará como un valioso instrumento de la Ingeniería accesible para cualquier organización, que extrapolada adecuadamente a su realidad permitirá evaluar varias alternativas de decisión, mejorar la eficiencia de los procesos, reducir costos, aumentar competitividad, y, todos estos beneficios con una inversión mínima y con bajo riesgo. También puede ser el punto de partida para futuros trabajos de investigación o usar el material de este estudio como medio de consulta para las cátedras de las distintas ingenierías que se ofertan en el país a nivel de pregrado y postgrado.

CAPÍTULO 2

INTRODUCCIÓN A LA INGENIERÍA CONCURRENTE

Este capítulo ofrece un panorama de la importancia de la Ingeniería Concurrente. Se hace una comparación con la Ingeniería tradicional. Se destacan las bondades del diseño para la fabricación y montaje (DFMA). Posteriormente, se hace una descripción de una de las principales herramientas de la Ingeniería concurrente, la metodología de Taguchi. Y, por último, se hace una introducción de la manufactura flexible.

2.1 DEFINICIÓN DE INGENIERÍA CONCURRENTE

La Ingeniería Concurrente, también conocida como Ingeniería Simultánea, Diseño Total o Diseño Integrado es una nueva forma de concebir la ingeniería de diseño y desarrollo de productos y servicios de forma global e integrada en donde concurren las siguientes perspectivas(PRODINTEC, 2010):

1. Desde el punto de vista del producto. Se toman en consideración tanto la gama que se fabrica y ofrece a la empresa como los requerimientos de las distintas etapas del ciclo de vida y los costes o recursos asociados.

2. Desde el punto de vista de los recursos humanos y las metodologías. Colaboran profesionales que actúan de forma colectiva en tareas de asesoramiento y de decisión (con presencia de las voces significativas) o de forma individual en tareas de impulsión y gestión (gestor de proyecto), tanto si pertenecen a la empresa como si son externos a ella (otras empresas, universidades o centros tecnológicos).

3. Desde el punto de vista de los recursos materiales. Concurren nuevas herramientas basadas en tecnologías de la información y la comunicación sobre una base de datos y de conocimientos cada vez más integrada (modelización 3D, herramientas de simulación y cálculo, prototipos y útiles rápidos, comunicación interior, Internet).

Por lo tanto, se le llama ingeniería concurrente porque en ella tienen concurrencia distintos puntos de vista: de metodologías, de actores humanos y de herramientas de apoyo.

En la ingeniería concurrente cada nuevo proyecto se trabaja con técnicas disciplinadas y en conjunto con un grupo multidisciplinario de tiempo completo. Éste equipo de trabajo debe estar formado por ingenieros de diseño, ingenieros de fabricación, personal de mercadotecnia, de compras, finanzas y proveedores del equipo de fabricación y componentes a utilizar (Figura 1).

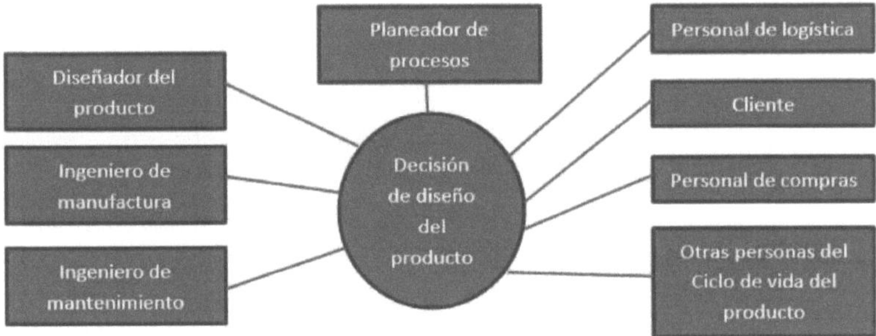

Figura 1 *Equipo de trabajo multidisciplinario de la Ingeniería concurrente*
Fuente: Adaptado de (Calderón, 2012)

La importancia de estos grupos de trabajo reside en que, desde el inicio del proyecto, todos los miembros del grupo tienen la misma información sobre el producto. Por lo tanto los ingenieros de fabricación pueden comenzar a planear las instalaciones de fabricación con el misma concepto con que los ingenieros de diseño están planificando el objeto que se va a producir, y así sucesivamente con los demás miembros del grupo. Esto permite identificar variables para reducir costos, número de piezas y para aumentar la calidad final del producto.

2.2 INGENIERÍA TRADICIONAL VS. INGENIERÍA CONCURRENTE

La ingeniería convencional utiliza un desarrollo de producto conocido como "Comunicación sobre la pared". En este enfoque cada área de la empresa, después de ejecutar la parte que le corresponde, transfiere su resultado al sector siguiente.

Quien recibe esta etapa indudablemente encontrará fallas según la perspectiva de su propia especialidad y la devolverá al sector de origen para los ajustes correspondientes(PRODINTEC, 2010).

Este enfoque tradicional genera conflictos y trae como consecuencia muchos cambios y retroalimentaciones en las diferentes etapas, originados porque algunas características necesarias en las etapas posteriores no se consideraron desde el inicio de proceso, lo cual influye directamente en el incremento de los costos y en el tiempo de desarrollo del producto.

Por el contrario la ingeniería concurrente se basa en el trabajo concurrente de las diferentes etapas y exige que se gaste más tiempo en la definición detallada del producto y en la planificación. Así las modificaciones se hacen en la fase del diseño mucho antes de que salga el prototipo o las muestras de producción, lo cual conlleva a una reducción considerable de costo. Aunque bajo este enfoque en las primeras etapas el tiempo se incrementa, es claro también que el tiempo total de ciclo se reduce sustancialmente.

En la Figura 2 se muestra un esquema con las fases de la ingeniería concurrente.

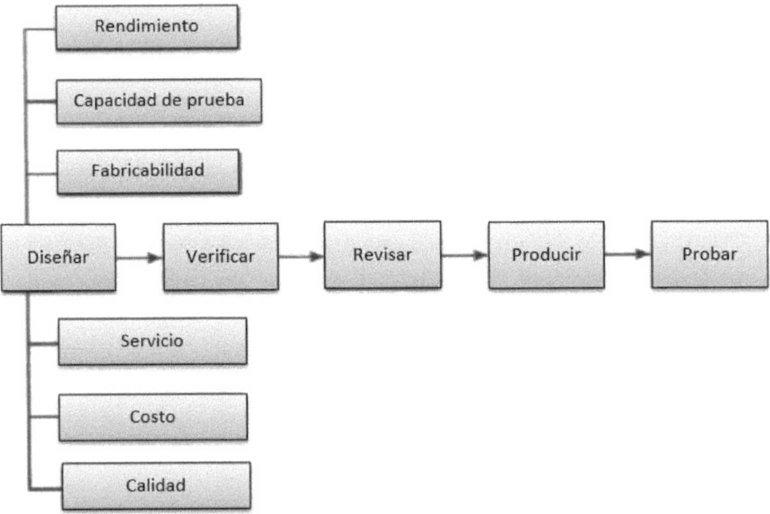

Figura 2 *Esquema de la Ingeniería concurrente*
Fuente: Adaptado de (Calderón, 2012)

La ingeniería concurrente está especialmente orientada a dos corrientes bien definidas (PRODINTEC, 2010):

- Ingeniería concurrente orientada al producto (fabricación, costes, inversión, calidad, comercialización, apariencia): Está referida a la integración de todos aquellos aspectos que pueden tener una incidencia positiva en el producto, especialmente en sus funciones y en la relación entre prestaciones y coste.

- Ingeniería concurrente orientada al entorno (ergonomía, seguridad, medio-ambiente, fin de vida): Relacionada con los aspectos del entorno del producto que, a pesar de que con un diseño concurrente adecuado podrían mejorar o eliminarse, no hay incentivos suficientes para implementarlos pues, normalmente, sus efectos inciden fuera de la empresa y normalmente son soportados por los usuarios e indirectamente por la sociedad (consumos elevados, contaminaciones, fallos, falta de seguridad, problemática de fin de vida.

En las Figuras 3 y 4 se pueden apreciar lo eficaz que se puede llegar a ser en un proyecto que trabaja con ingeniería concurrente versus uno que aplica el proceso de ingeniería tradicional.

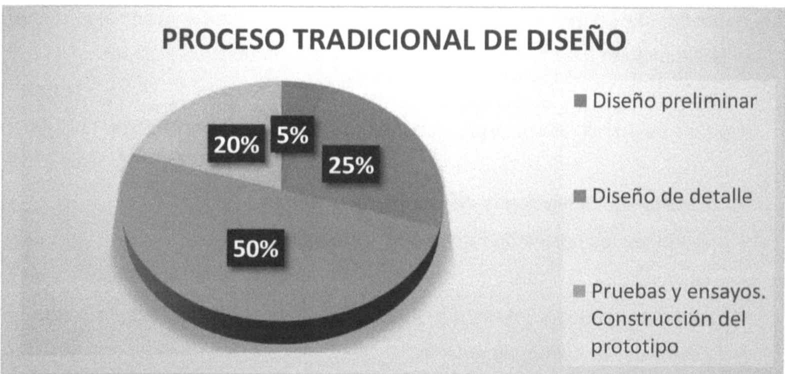

Figura 3 *Proceso tradicional sin DFMA*
Fuente. Adaptado de (Riba C. , 2010)

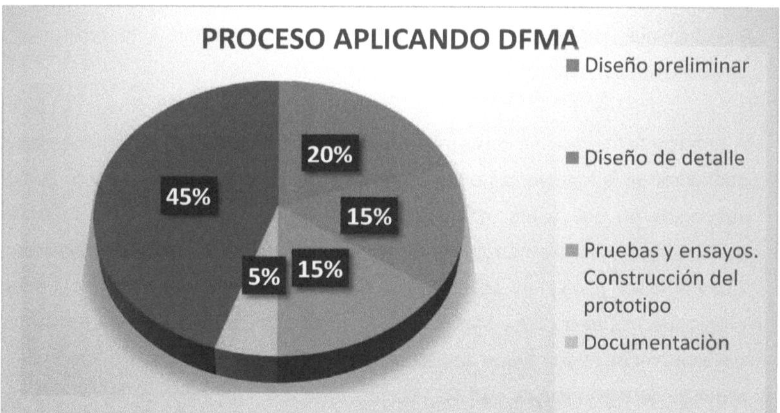

Figura 4 *Proceso con aplicación del DFMA*
Fuente. Adaptado de (Riba C. , 2010)

2.3 DFMA E INGENIERÍA CONCURRENTE

El DFMA, Design for Manufacturing and Assembly (Diseño para la Fabricación y el Montaje)es un enfoque de la Ingeniería Concurrente fruto de la unión conceptual del DFM (diseño para la fabricación) y del DPE (Diseño para el ensamblaje).

Consiste en un conjunto de técnicas y metodologías para la mejora del diseño (o rediseño) de un producto que, respetando sus funciones esenciales, tiene por objetivo mejorar los aspectos de fabricabilidad, montabilidad y costes.

Algunos de sus objetivos específicos más significativos son(PRODINTEC, 2010):

- Facilitar las operaciones de fabricación y montaje
- Disminuir los costes de fabricación y montaje
- Disminuir las inversiones y los costes de utillajes
- Optimizar el uso de las herramientas y equipos de fabricación y montaje
- Disminuir los costes de gestión
- Aumentar la flexibilidad de la fabricación
- Aumentar la configurabilidad de los productos
- Disminuir el tiempo de introducción en el mercado
- Disminuir los almacenajes intermedios, de expedición y la ocupación de espacios en general

A lo largo del tiempo se desarrollaron distintas metodologías y herramientas que configurarían la Ingeniería Concurrente. La Figura 5 presenta de manera gráfica la secuencia en que estas metodologías han aparecido. Aunque no se trata de metodologías sino de herramientas, se ha incluido a los sistemas Asistidos por Computadora (CAX) en esta gráfica. Quizá la primera en encontrar un nicho propio fue el Diseño para Manufactura y Ensamble(DFMA). La idea fundamental de estas técnicas fue lograr una compatibilidad entre el diseño del producto y el proceso de manufactura que se seguiría para fabricarlo, con el fin de reducirlos costos de fabricación del producto(Riba C. , 2010).

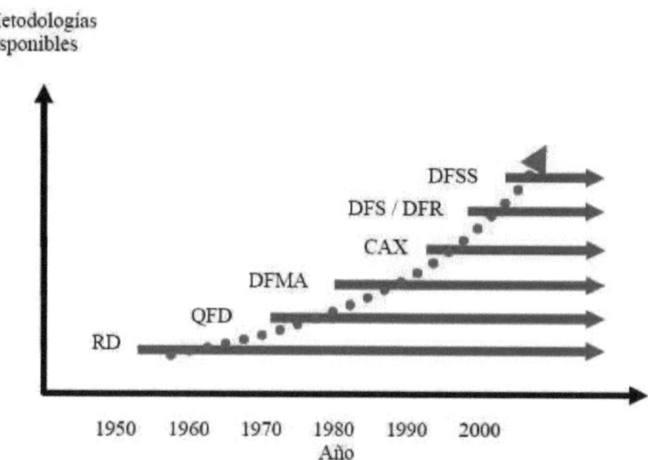

Figura 5 *Secuencia aproximada de introducción de las diferentes metodologías y herramientas de la Ingeniería Concurrente al medio industrial*
Fuente. Adaptado de (Riba C. , 2010)

En el caso del diseño para manufactura, la compatibilidad se logra al hacer una correspondencia entre las características del producto (geometría, tolerancias, materiales, volúmenes de producción) y el proceso de fabricación primario. Por su parte, la ensamblabilidad de un producto se logra al hacer modificaciones en su geometría para facilitar la manipulación e inserción de los componentes del ensamble y reducir el número de partes del mismo.

En principio, todas estas herramientas han sido desarrolladas para apoyar de alguna forma al DFMA. Sin embargo, la práctica ha demostrado que cada una de ellas apoya el proceso de desarrollo de producto en distintas etapas, como se muestra en la Figura 6.

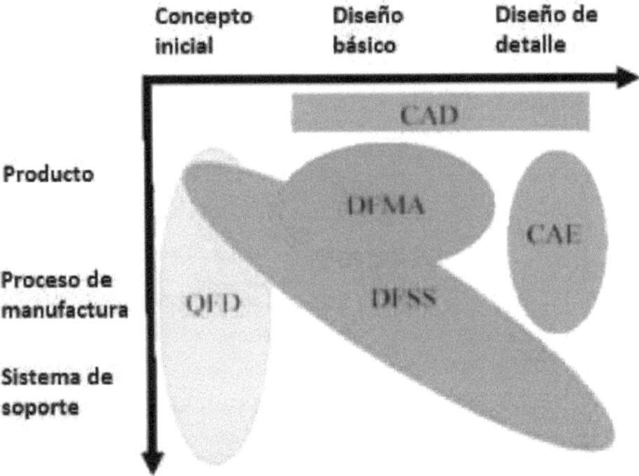

Figura 6 *Aplicación de las diferentes metodologías durante el desarrollo de productos y procesos*

Nota. Fuente. Adaptado de (Riba C. , 2010).
DFSS: Diseño para Seis Sigma
DFMA: Diseño para la Fabricación y el Montaje
QFD: Despliegue de la función de calidad
CAE: Ingeniería Asistido por Computador
CAD: Diseño Asistido por Computador

Existen muchos beneficios al emplear DFMA como: disminución de los costos de montaje, disminución de los costes de fabricación de las piezas, mayor flexibilidad y menores plazos de entrega, disminución de los costes indirectos, mejor utilización de los equipos e instalaciones, disminución de los costes de la calidad y de la no calidad, menor tiempo de introducción en el mercado, mejores productos con diseños más robustos, entre otros.

El costo final repercute en cada una de las áreas que entran en la elaboración del producto y las decisiones tomadas en el desarrollo del mismo.

2.4 DISEÑO PARA SEIS SIGMA

En la década de los 90, las técnicas y metodologías de la Ingeniería Concurrente fueron agrupadas por diferentes casas consultoras y asociaciones en un paquete de entrenamiento ofrecido comercialmente con el nombre de Diseño para Seis

Sigma (DFSS). El término fue originalmente acuñado en General Electric durante los años 80 y estaba asociado con el bajísimo número de defectos que un proceso bien desarrollado debe producir. La metodología agrupa a técnicas como el SPC, QFD, Diseño Robusto, DFMA, Ingeniería de Valor. El objetivo de esta metodología es garantizar el alto valor de un producto o proceso durante todas las etapas de su ciclo de vida, a través de la aplicación de estas diferentes técnicas de una manera coordinada. Para principios de la década del 2000, el Diseño para Seis Sigma a nivel comercial ha incorporado técnicas de inventiva e innovación tecnológica, particularmente a la Teoría de la Solución de Problemas de Inventiva (TRIZ, por sus siglas en ruso). Esta adición responde a la concepción de la innovación como una herramienta competitiva, y es consistente con la idea original de Taguchi acerca de que la investigación y desarrollo son parte integral de la Ingeniería Concurrente(Riba C. , 2010).

2.5 TENDENCIAS DE LA INGENIERÍA CONCURRENTE

Actualmente, la Ingeniería Concurrente es una metodología establecida. El impacto favorable que ha tenido no solo en la forma en que las empresas realizan sus operaciones, sino también en los ahorros que su uso procura y el éxito comercial de los productos y servicios que se logran al aplicarla son indiscutibles. La enseñanza de las técnicas básicas a los ingenieros, dibujantes y diseñadores industriales es común en el pensum universitario. En este sentido, algunas de las grandes empresas transnacionales, particularmente las japonesas, van todavía más allá: para sensibilizar a los nuevos ingenieros y ayudarlos a que logren una visión concurrente, los rotan por diferentes áreas (producción, ventas, diseño, servicio, etc.) durante los primeros años de su carrera profesional (Riba C. , 2010).

Las técnicas individuales de la Ingeniería Concurrente siguen evolucionando en respuesta a:

- Los desarrollos en materiales y procesos de manufactura.
- Los cambios en los requisitos de los mercados y los gustos de los clientes.
- La legislación existente en las diferentes regiones del mundo.

- La competencia global.

Las tendencias hacia la globalización no solo de los mercados sino también de los sistemas de desarrollo y fabricación de los productos han generado nuevos cuellos de botella. La integración organizada de personal y el flujo de información a través de estas técnicas sigue siendo un cuello de botella(Riba C. , 2010). Los actores que participan en la cadena de desarrollo de un producto no solo estarán geográficamente separados entre sí, sino que en muchos casos pertenecerán a distintas empresas. Para lograr la concurrencia en estos nuevos escenarios deben existir condiciones organizacionales favorables, así como nuevas herramientas de comunicación basadas en el internet y otras herramientas informáticas.

Recientemente el término de Empresa Concurrente (Concurrent Enterprising) ha surgido para designar a las distintas prácticas, metodologías y líneas de estudio que habrán de garantizar la aplicación de la Ingeniería Concurrente en estos nuevos escenarios. Algunas de los cuellos de botella para lograr la concurrencia en esta área son:

- Protocolos, estándares y modelos para el intercambio de información acerca de productos y servicios.
- Ingeniería y Comercio colaborativo basado en el Internet.
- Modelos para medir la efectividad de las técnicas de la Ingeniería Concurrente en sistemas distribuidos.
- Modelación, manejo y administración del conocimiento en empresas distribuidas.

En la medida que estos cuellos de botella se vayan resolviendo, la Ingeniería Concurrente brincará las barreras de las empresas para buscar optimizar el valor de un producto o servicio a lo largo de todas las etapas de su ciclo de vida.

2.6 HERRAMIENTAS Y TÉCNICAS DE LA INGENIERÍA CONCURRENTE

La ingeniería concurrente engloba una serie de técnicas y herramientas que son utilizadas usualmente en el diseño de nuevos productos como ayuda para desarrollar y fabricar productos de calidad. Las principales técnicas y herramientas de la ingeniería concurrente se presentan en la Tabla 1.

Tabla 1 *Técnicas y herramientas de la Ingeniería Concurrente*

Técnicas	Benchmarking (Buscar mejores prácticas)
	Procesos de mejora
	Brainstorming (Lluvia de ideas)
	Gestión del cambio
	Mejora continua
	Justo a tiempo (JIT)
	Reingeniería de procesos
	Gestión del cambio
	Diagramas Causa-Efecto
	Despliegue de la función de calidad(DFQ)
	Análisis de modo de fallo y sus efectos (AMFE)
	Diseño de experimentos (DOE)
	Diseño para la manufactura y el ensamblaje (DFMy DFA)
	Diseño para el entorno (DFE)
	Mantenimiento productivo total
	Diseño robusto de Taguchi
	Prototipo Rápido
Herramientas	Diseño para la función (DFX)
	Diseño y fabricación asistidas(CAD/CAM)
	Simulación numérica (CAE)
	Ensayos (CAT)
	Diseño y desarrollo modular

Nota. Fuente: Adaptado de (Calderón, 2012)

Dentro de estas técnicas, se destaca el diseño robusto de Taguchi porque como lo describe (Lanaspa, 2010), el diseño robusto es capaz: dentro de especificaciones y en el rango de variación normal de adaptarse a las circunstancias cambiantes del entorno en cualquier proceso. Por esta razón se hará una breve presentación de su importancia y aplicación.

2.7 DISEÑO ROBUSTO DE TAGUCHI

Un producto o un proceso robusto es aquel que funciona correctamente, aunque existan factores de distorsión (ruido) (Eppinger, 2004). Algunos factores de distorsión pueden ser:

- Variaciones en los parámetros
- Cambios ambientales
- Condiciones de funcionamiento
- Variaciones en la fabricación

En un experimento o proceso existen dos tipos de factores (Figura 7):

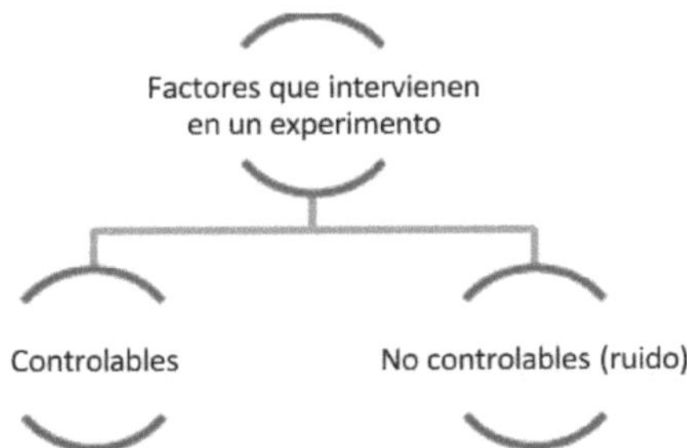

Figura 7 *Aplicación de las diferentes metodologías durante el desarrollo de productos y procesos*
Fuente. Adaptado de (Taguchi & Don, 1990)

El diseño robusto busca obtener un producto o proceso insensible al ruido que no es posible controlar, o minimizar el efecto de dicho ruido en la propiedad deseada. El método de Genichi Taguchi aplica la estadística para mejorar procesos y productos.

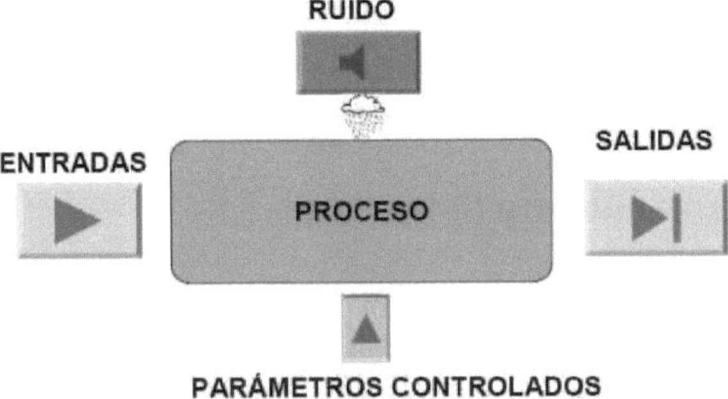

Figura 8 *Diseño robusto de Taguchi*
Fuente. Adaptado de (Lanaspa, 2010)

La filosofía de Taguchi abarca toda la función de producción, desde el diseño hasta la fabricación. Su metodología se concentra en el consumidor, valiéndose de la "función de pérdida". Taguchi define la calidad en términos de la pérdida generada por el producto a la sociedad. Esta pérdida puede ser estimada desde el momento en que un producto es despachado hasta el final de su vida útil. La pérdida se calcula en dólares, y eso permite a los ingenieros comunicar su magnitud en un valor común, reconocible. Eso a veces se comunica de un modo bilingüe, lo cual significa que se puede hablar a los gerentes de alto nivel en términos de dólares, y a los ingenieros y quienes trabajan con el producto o servicio en términos de objetos, horas, kilogramos, etcétera. Con la "función de pérdida", el ingeniero está en condiciones de comunicarse en el lenguaje del dinero y en el lenguaje de las cosas(Taguchi & Don, 1990).

La clave para la reducción de la pérdida no consiste en cumplir con las especificaciones, sino en reducir la varianza con respecto al valor objetivo.

El método Taguchi ha sido descrito como la *herramienta más poderosa* para lograr el mejoramiento de la calidad, ahorrando a las empresas millones de dólares. Muchos de los que practican los métodos de Taguchi piensan que estas prácticas de control a la larga suplantarán al control estadístico de la calidad, como ha sucedido en gran medida en Japón(Eppinger, 2004).

La filosofía en la que se basa el diseño robusto de Taguchi se resume en los siguientes puntos (Taguchi & Don, 1990):

- Un aspecto importante de la calidad de un producto manufacturado es la pérdida total generada por ese producto a la sociedad.
- En una economía competitiva, el mejoramiento continuo de la calidad y la reducción de los costes son imprescindibles para subsistir en la industria.

- Un programa de mejoramiento continuo de la calidad incluye una incesante reducción en la variación de las características de *performance* del producto con respecto a sus valores objetivo.
- La pérdida del consumidor originada en una variación de la *performance* del producto es casi siempre proporcional al cuadrado de la desviación de las características de *performance* con respecto a su valor objetivo. Por eso, la medida de la calidad se reduce rápidamente con una gran desviación del objetivo.
- La calidad y el coste final de un producto manufacturado están determinados en gran medida por el diseño industrial del producto y su proceso de fabricación.
- Una variación de la *performance* se puede reducir aprovechando los efectos no lineales/conjuntos de los parámetros del producto (o proceso) sobre las características de *performance*.
- Los experimentos estadísticamente planificados se pueden utilizar para determinar los parámetros del producto (o proceso) que reducen la variación de la *performance*.

Finalmente, entre las ventajas que una empresa puede adquirir si aplica el método de Taguchi se mencionan (Eppinger, 2004):

- Coste minimizado y racional
- Posibilidad de fallos minimizada
- Tendencia a cero de los Costes de No Calidad
- Se minimiza la variación
- Se facilita el aprovechamiento y la creación de sinergias
- Aumento de Productividad
- El proceso adopta tendencia a seguir fortaleciéndose y a extender esa fortaleza a otros procesos

2.8 MANUFACTURA FLEXIBLE

La manufactura esbelta, también conocida como manufactura flexible o Lean Manufacturing, es una metodología que utiliza diversas herramientas para eliminar todas las operaciones que no agregan valor al producto, servicio o proceso, implementando un sistema de mejora continua y la reducción de todo tipo de "desperdicios". Entiéndase como desperdicios a los procesos o actividades que usan más recursos de los estrictamente necesarios(Hernández & Vizán, 2013).

$$M. \qquad E \qquad = m \quad co \quad + r \quad ón\,d\,d$$

La manufactura esbelta no es una ciencia exacta ni un concepto estático que se pueda definir de forma directa, tampoco es una filosofía radical que rompe con todo lo conocido, sino que busca generar una cultura de la mejora basada en la comunicación y en el trabajo en equipo; para lograrlo es indispensable adaptar el método a cada caso concreto(Del Castillo, 2009).
La filosofía Lean no da nada por sentado y busca continuamente nuevas formas de hacer las cosas de manera más ágil, flexible y económica.

2.8.1 BENEFICIOS DE LA MANUFACTURA ESBELTA

Entre algunos beneficios de la manufactura esbelta se destacan los que se pueden apreciar en la figura 9.

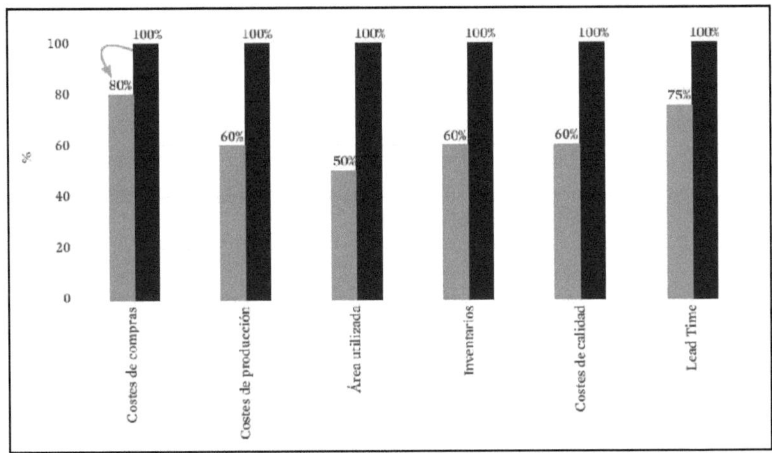

Figura 9 *Beneficios de la manufactura esbelta*
Nota. Fuente: Adaptado de (Hernández & Vizán, 2013)

Se puede apreciar las bondades de la manufactura flexible que permite reducir costos de producción hasta en un 40%, de igual forma los inventarios pueden disminuir en un porcentaje similar.

2.8.2 ELIMINACIÓN DE DESPILFARROS

Como parte importante de la manufactura esbelta, la reducción o eliminación de desperdicios o despilfarros resulta crucial en una empresa que quiera adoptar esta filosofía.

Y como primer paso que se debe hacer es identificar los despilfarros que se pueden presentar en una organización, como los que se aprecian en la figura 10.

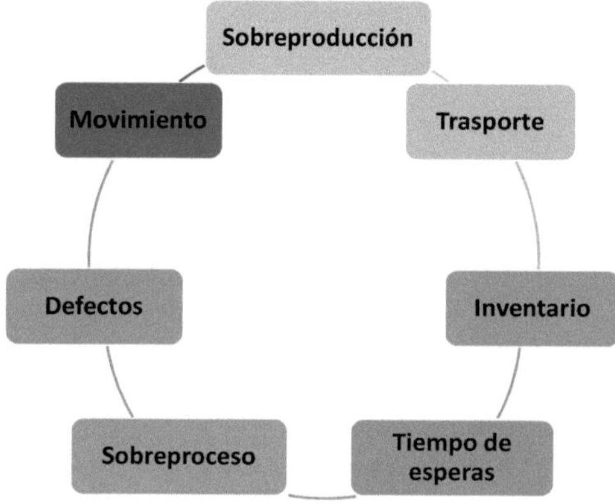

Figura 10   *Desperdicios de una empresa.*
Nota. Fuente: Adaptado de (Hernández & Vizán, 2013)

Una vez que se identifican los despilfarros, y para identificarlos, la simulación resultaría un instrumento invaluable, lo siguiente sería tomar las acciones para reducir o eliminarlos de los procesos. En la Figura 11 se describen los pasos a seguir para eliminar los desperdicios en una empresa.

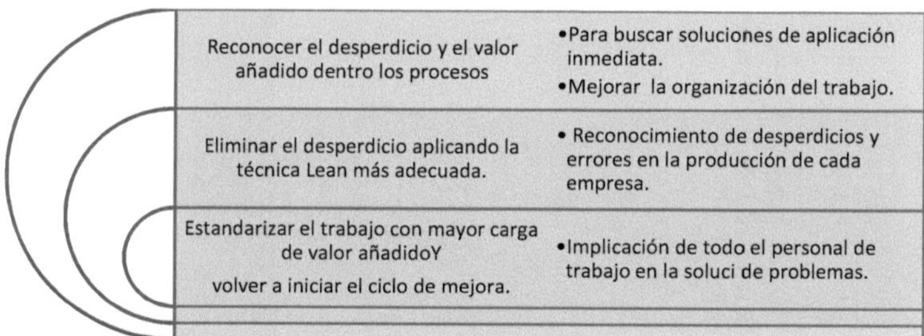

Figura 11 *Pasos para la eliminación del despilfarro*
Nota. Fuente: Adaptado de (Hernández & Vizán, 2013)

2.8.3 TÈCNICAS DE LA MANUFACTURA ESBELTA

La mejor forma de obtener una visión simplificada, ordenada y coherente de las técnicas más importantes es agruparlas en tres grupos distintos, como se observa en la Tabla 2:

Tabla 2 *Técnicas de Lean Manufacturing*

Grupo	Clasificación	Descripción
1. Formado por aquellas cuyas características, claridad y posibilidad real de implantación las hacen aplicables a cualquier casuística de empresa/ producto/sector	Las 5S	Técnica utilizada para la mejora de las condiciones del trabajo de la empresa a través de una excelente organización, orden y limpieza en el puesto de trabajo. SEIRI — Separar y eliminar SEITON — Arreglar e Identificar SEIDO — Proceso diario de limpieza SEIKETSU — Seguimiento de los primeros 3 pasos, asegurar un ambiente seguro SHITSUKI — Construir el hábito
	SMED	Sistemas empleados para la disminución de los tiempos de preparación.
	Estandarización	Técnica que persigue la elaboración de instrucciones escritas o gráficas que muestren el mejor método para hacer las cosas.
	TPM	Conjunto de múltiples acciones de mantenimiento productivo total que persigue eliminar las perdidas por tiempos de parada de las máquinas.
2. Formado por aquellas técnicas que, aunque aplicables a cualquier situación, exigen un mayor compromiso y cambio cultural de todas las personas, tanto directivos, mandos intermedios y operarios	Control visual	Conjunto de técnicas de control y comunicación visual que tienen por objetivo facilitar a todos los empleados el conocimiento del estado del sistema y del avance de las acciones de mejora.
	Jidoka	Técnica basada en la incorporación de sistemas y dispositivos que otorgan a las máquinas la capacidad de detectar que se están produciendo errores.
	Técnicas de calidad	Conjunto de técnicas proporcionadas por los sistemas de garantía de calidad que persiguen la disminución y eliminación de defectos.
	Sistemas de participación del personal (SPP)	Sistemas organizados de grupos de trabajo de personal que canalizan eficientemente la supervisión y mejora del sistema Lean.
3. Formado por aquellas técnicas más específicas que cambian la forma de planificar, programar y controlar los medios de producción y la cadena logística.	Heijunka	Conjunto de técnicas que sirven para planificar y nivelar la demanda de clientes, en volumen y variedad, durante un periodo de tiempo y que permiten a la evolución hacia la producción en flujo continuo, pieza a pieza.
	Kanban	Sistema de control y programación sincronizada de la producción basado en tarjetas.

Nota. Fuente: Adaptado de (Hernández & Vizán, 2013), (Del Castillo, 2009)

Estas técnicas pueden implantarse de forma independiente o conjunta, atendiendo a las características específicas de cada caso. Su aplicación debe ser objeto de un diagnóstico previo que establezca la hoja de ruta más conveniente para cada organización(Del Castillo, 2009).

CAPÍTULO 3

SIMULACIÓN Y OPTIMIZACIÓN DE PROCESOS INDUSTRIALES

En este capítulo se definen algunos de los conceptos más comúnmente usados en el ámbito del modelado y la simulación, como son modelo, sistema, experimento, simulación y optimización. Se explican además los pasos de los que típicamente consta un estudio de simulación y se mencionan ciertas aplicaciones de la simulación en la ingeniería.

2.9 SISTEMA. EXPERIMENTO. MODELO

El modelado y la simulación son formas de adquirir conocimiento acerca del comportamiento de los sistemas. Por tal motivo, conviene definir qué se entiende por sistema. Puede considerarse que un *sistema* es *"cualquier objeto cuyas propiedades se desean estudiar"*. Es decir, *"cualquier fuente potencial de datos puede considerarse que es un sistema"* (Urquía & Martín, 2013). Así, por ejemplo, una fábrica con máquinas, personal y galpón sería un sistema.

Una manera de conocer el comportamiento de un sistema es experimentar con él. Un *experimento* es *"el proceso de extraer datos de un sistema sobre el cual se ha ejercido una acción externa"* (Urquía & Martín, 2013). Por ejemplo, el jefe de producción de una fábrica puede ensayar diferentes procedimientos de distribución y ubicación de las máquinas para establecer qué combinación muestra un mejor equilibrio entre costo y tiempo de proceso.

Aun cuando sea posible experimentar sobre el sistema real, en ocasiones no es recomendable por el alto coste económico. Considérese un empresario que debe decidir si ampliar o no las instalaciones de su fábrica, para lo cual necesita estimar si la ganancia potencial que supondrían las nuevas instalaciones justifica el costo de realizar la ampliación. Experimentar con el sistema real supondría realizar la ampliación con el fin de evaluar su rendimiento económico, lo cual no resulta razonable.

Una alternativa a la experimentación con el sistema real consiste en realizar un modelo del sistema y experimentar con el modelo. Un *modelo "es una representación de un sistema desarrollada para un propósito específico"* (Urquía & Martín, 2013). Regresando al ejemplo de la ampliación de la fábrica, en lugar de experimentar con el sistema real, puede realizarse un modelo de la operación de cada una de las configuraciones de la fábrica (la actual y la ampliada) y comparar el comportamiento de los modelos.

En definitiva, experimentar con un modelo resulta menos costoso y más seguro que experimentar directamente con el sistema real. Además, con un modelo adecuado se pueden ensayar condiciones de operación extremas que son impracticables en el sistema real.

2.10 LA SIMULACIÓN

La *simulación" es una imitación del funcionamiento de un sistema real por medio de un modelo que se comporta de forma análoga"* (Vizán, 2014).
Es decir, la simulación es una forma de reproducir las condiciones de un sistema real a través de un modelo matemático o computarizado, con el objetivo de estudiar, evaluar, predecir, rediseñar, probar, mejorar y optimizar el desempeño de dicho sistema.

Se recomienda usar simulación en los siguientes casos:

- Cuando el sistema real no existe, es costoso, peligroso, consume mucho tiempo o es imposible de construir y experimentar con prototipos (por ejemplo, un nuevo computador o un reactor nuclear).
- Cuando se tenga necesidad de estudiar el pasado, presente o futuro del sistema en tiempo real, tiempo expandido o tiempo comprimido (sistemas de control a tiempo real, estudios en cámara lenta, crecimiento poblacional).
- Cuando el sistema es tan complejo que su evaluación analítica es difícil, ya sea porque el modelado matemático es imposible o porque el modelo matemático no tiene solución analítica o numérica (ecuaciones diferenciales no lineales, problemas estocásticos).

- Cuando se pueda validar satisfactoriamente el modelo de simulación.

En la Figura 12 se muestran las dos formas de conocer el comportamiento de un sistema: 1) experimentando con el sistema real, y 2) experimentando con un modelo del sistema.

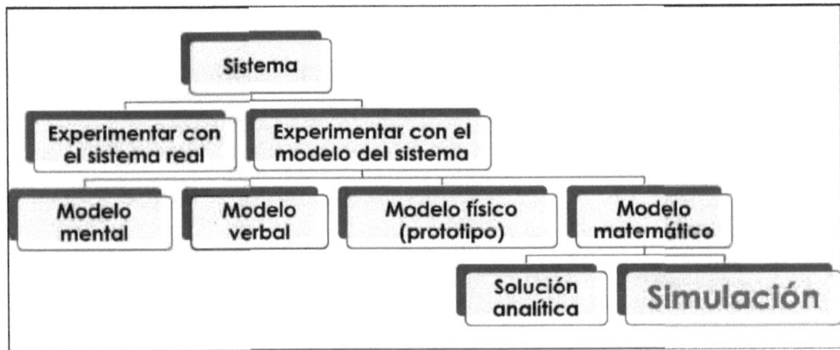

Figura 12 *Contextualización de la simulación*
Fuente: Adaptado de (Urquía & Martín, 2013)

2.10.1 PROPÓSITOS DE LA SIMULACIÓN

La simulación y análisis de diferentes tipos de modelos se llevan a cabo para los fines de:

- La percepción de la operación de un sistema
- El desarrollo de políticas de operación o de recursos para mejorar el rendimiento del sistema
- Pruebas de nuevos conceptos y / o sistemas antes de la implementación
- Obtener información sin perturbar el sistema actual
- Ayudar en la configuración de un sistema en su fase de diseño

2.10.2 VENTAJAS DE LA SIMULACIÓN

Además de los fines descritos anteriormente, los modelos de simulación tienen beneficios específicos. Entre estos se incluyen los mencionados en la Tabla 3.

Tabla 3   *Ventajas de la simulación*

Ventaja	Descripción
Experimentación en tiempos comprimidos	Debido a que el modelo se simula en un computador, corridas experimentales de simulación se pueden hacer en tiempos cortos. Esta es una gran ventaja, ya que algunos procesos pueden tardar meses o incluso años en completarse. Así, los sistemas que antes eran imposibles de analizar ahora pueden ser estudiados con facilidad.
Requisitos analíticos reducidos	Antes de la existencia de la simulación por computador, los complejos sistemas se modelaban estrictamente en el dominio matemático. Además, los sistemas podían ser analizados sólo con un enfoque estático. En contraste, la llegada de las metodologías de simulación ha permitido estudiar sistemas de forma dinámica en tiempo real. Además, el desarrollo de paquetes de software ha ayudado a los profesionales a reducir los complicados cálculos y requisitos de programación.
Modelos demostrados fácilmente	La mayoría de los paquetes de software de simulación poseen la capacidad de animar dinámicamente el modelo del sistema real. La animación es útil tanto para depurar el modelo y también para demostrar cómo funciona. El uso de una animación durante una presentación puede ayudar a establecer la credibilidad del modelo. La animación también se puede utilizar para describir la operación y la interacción de los procesos del sistema de forma simultánea. Esto incluye la demostración dinámica de cómo el modelo del sistema maneja diferentes situaciones.

Nota. Fuente: Adaptado de(Caselli, 2009)

2.10.3 DESVENTAJAS DE LA SIMULACIÓN

Aunque la simulación tiene muchas ventajas, también hay algunas desventajas de los cuales la simulación practicante debe ser consciente. Estos inconvenientes no están directamente asociados con el modelado y el análisis de un sistema, sino más bien con las expectativas asociadas a proyectos de simulación. Entre estas desventajas se incluyen las descritas en la Tabla 4.

Tabla 4   *Desventajas de la simulación*

Desventaja	Descripción
La simulación no puede dar resultados precisos cuando los datos de entrada son inexactos	Esta desventaja puede entenderse como "basura entra, basura sale". No importa lo bueno que un modelo haya sido desarrollado, si el modelo no tiene datos de entrada exactos, el usuario no puede esperar obtener datos de salida precisos. Por desgracia, la recogida de datos se considera la parte más difícil del proceso de simulación. A pesar de este conocimiento común, es típico que muy poco tiempo se asigne para esta parte. Muchos practicantes de simulación son atraídos a aceptar los datos históricos de dudosa calidad con el fin de obviar el tiempo de recolección de datos. Con demasiada frecuencia, se desconoce la naturaleza exacta o las condiciones en que estos datos se recogieron. En más de un caso, el uso de datos históricos recogidos externamente ha sido la base de un proyecto de simulación sin éxito.

| La simulación no puede proporcionar respuestas fáciles a problemas complejos | Algunos usuarios pueden creer que un análisis de simulación proporcionará respuestas simples a problemas complejos. De hecho, es más probable que se requieran respuestas complejas para problemas complejos. Si el sistema en análisis tiene muchos componentes e interacciones, es posible hacer suposiciones de simplificación para el propósito de desarrollo de un modelo razonable en un tiempo razonable. Sin embargo, si los elementos críticos del sistema son ignorados, entonces es probable que la simulación no sea una verdadera idealización del sistema real. |
| La simulación no puede resolver los problemas por sí mismo | Algunos directivos, pueden creer que la realización de un proyecto de modelo de simulación y análisis va a resolver el problema. La simulación por sí mismo en realidad no resuelve el problema, sino que proporciona la gestión con posibles soluciones para resolver el problema. Corresponde a los individuos responsables de gestión implementar efectivamente los cambios propuestos. |

Nota. Fuente: Adaptado de (Caselli, 2009), (Chung, 2004), (Vizán, 2014).

2.10.4 ALGUNAS CONSIDERACIONES SOBRE LA SIMULACIÓN

Además de las ventajas y desventajas de la simulación discutidas previamente, la persona o el equipo encargados del diseño y análisis del modelo deben tener en cuenta otras consideraciones importantes cuando se embarcan en un proyecto. Estas reflexiones pueden influir en la decisión de si vale la pena o no llevar a cabo la simulación. Entre estas, se presentan las siguientes:

- *La construcción de modelos de simulación puede requerir una formación especializada.*

  En el pasado, los modelos de simulación solían ser extremadamente difíciles de realizar. Afortunadamente, el advenimiento de la poderosa computadora personal multimedia ha permitido realizar con mayor facilidad la simulación de modelos. La programación con lenguajes ha ido cambiando radicalmente dando paso a interfaces gráficas fáciles de usar. Sin embargo, el proceso de simulación global todavía puede ser complejo. Muchos analistas de simulación tienen estudios de ingeniería, ciencias de la computación, matemáticas o con postgrados de investigación con cursos específicos en modelos de simulación y análisis.

- *Los modelos de simulación y análisis pueden tomar mucho tiempo.*

No hay duda de que el desarrollo de un modelo de simulación complejo puede tomar mucho tiempo y por lo tanto resultar costoso. A pesar de los paquetes computacionales modernos, incluso un complejo sistema requerirá una cantidad proporcionalmente mayor de tiempo para la recolección de datos, la creación de modelos, y el análisis y validación de resultados. Algunos modelos aparentan ser relativamente simples. Sin embargo, una vez que el practicante comienza realmente el modelado, puede darse cuenta de que el sistema es mucho más complejo de lo que apareció originalmente.

- *Los resultados de simulación implican muchas estadísticas.*
  Los resultados de simulación son generalmente en forma de resúmenes estadísticos. Por esta razón, los resultados de la simulación pueden ser difíciles de interpretar para las personas sin ningún conocimiento en esta área.

2.10.5 CLASIFICACIÓN DE LA SIMULACIÓN

La simulación y en general los modelos de simulación se pueden clasificar de acuerdo a algunos criterios. En la Tabla 5 se describen algunos tipos.

Tabla 5 *Clasificación de la simulación*

	En función del tipo de variables
Modelo discreto	Es un modelo en el cual las variables de estado cambian en un número entero de puntos en el tiempo (Figura 2).
Modelo continuo	Las variables del estado del sistema evolucionan de modo continuo a lo largo del tiempo (Figura 2).
Modelo discreto y continuo	Aquellos que combinan subsistemas que siguen filosofías continuas o discretas, respectivamente. Es el caso de los sistemas que poseen componentes que deben ser necesariamente modelados según alguno de dichos enfoques específicos.
	En función del tiempo
Modelo estático	Representación de un sistema en un instante particular del tiempo
Modelo dinámico	Representación de un sistema que se desarrolla a lo largo del tiempo
	En función de los datos usados
Modelo determinístico	Simulación que no usa variables aleatorias. Para cada conjunto de entrada, existirá solamente una respuesta.
Modelo estocástico	Simulación que contiene una o más variables aleatorias. Los resultados también serán aleatorios, por lo que solo se puede estimar la respuesta

Nota. Fuente: Adaptado de (Caselli, 2009), (Chung, 2004), (Vizán, 2014).

En la Figura 13 se aprecia gráficamente la diferencia entre modelos de simulación continua y discreta.

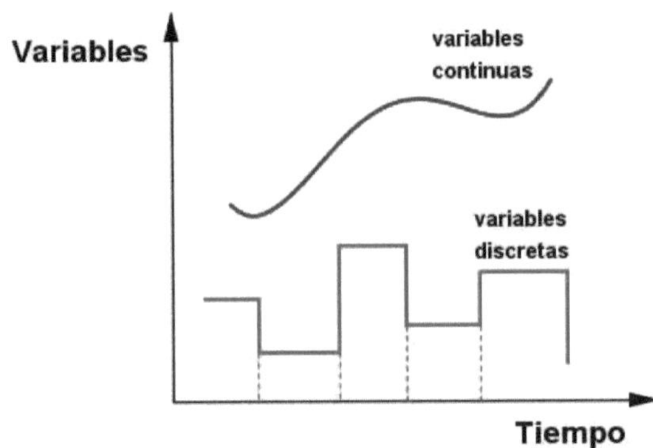

Figura 13 *Simulación de acuerdo al tipo de variable*

2.10.6 FASES DE UN PROYECTO DE SIMULACIÓN

Las fases formales de un proyecto de simulación se las describe en la Tabla 6.

Tabla 6 *Fases de un proyecto de simulación*

Etapa	Descripción
Formulación del problema	Definir el problema que se pretende estudiar y establecer por escrito los objetivos.
Diseño del modelo conceptual	Especificación del modelo a partir de las características de los elementos del sistema que se quiere estudiar y sus interacciones teniendo en cuenta los objetivos del problema. También se deben definir los límites del modelo.
Recogida de datos	Identificar, recoger y analizar los datos necesarios para el estudio
Construcción del modelo	Construcción del modelo de simulación partiendo del modelo conceptual y de los datos. Se deben evitar modelos excesivamente complejos que sean difíciles de hacerlos funcionar
Verificación y validación	Comprobar que el modelo se comporta como es de esperar y que existe la correspondencia adecuada entre el sistema real y el modelo
Análisis y experimentación	Analizar los resultados de la simulación con la finalidad de detectar problemas y recomendar mejoras o soluciones.
Documentación	Proporcionar documentación sobre el trabajo efectuado
Implementación	Poner en práctica las decisiones efectuadas con el apoyo del estudio de simulación

Nota. Fuente: Adaptado de(Moras, Hernández, Osorio, & Sánchez, 2010), (Vizán, 2014)

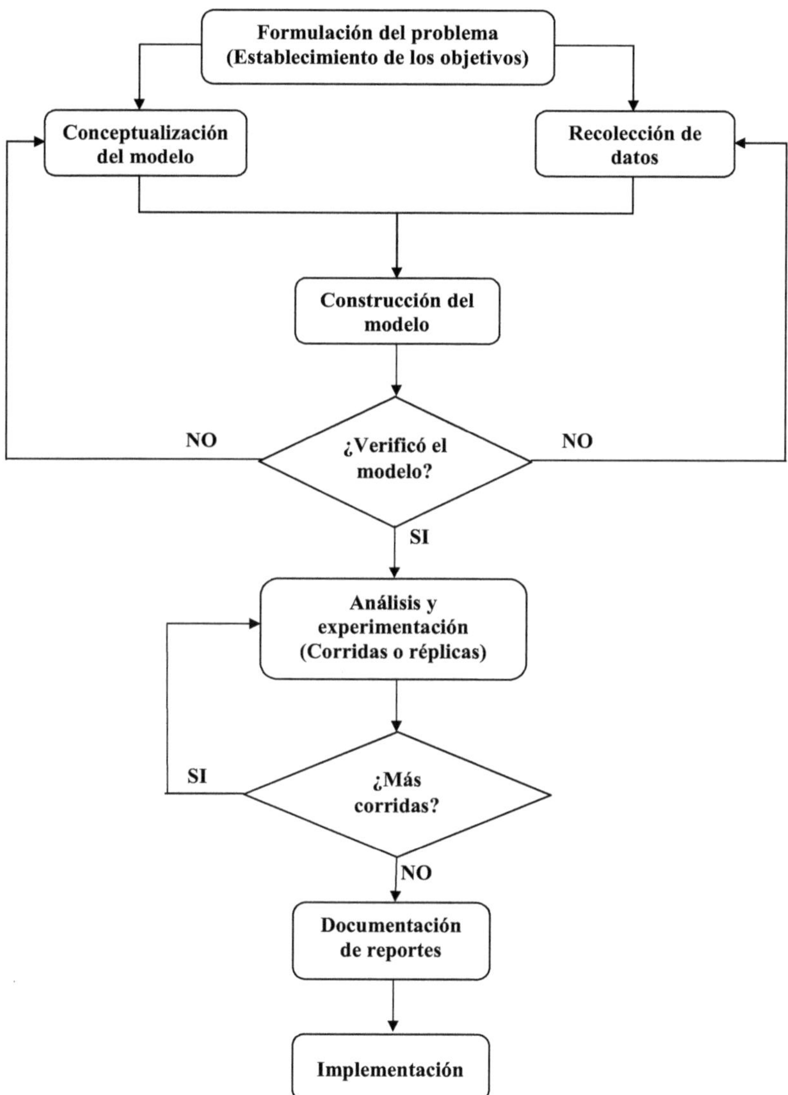

Figura 14 *Diagrama con las fases de un proyecto de simulación*
Fuente: Adaptado de(Moras, Hernández, Osorio, & Sánchez, 2010), (Vizán, 2014)

En la Figura 14 se puede distinguir un diagrama de flujo con la metodología que todo proyecto de simulación debe tener.

2.10.7 APLICACIONES DE LA SIMULACIÓN

Entre las tantas aplicaciones posibles de la simulación en problemas de ingeniería se destacan las siguientes:

Procesos de fabricación. Fue una de las primeras áreas beneficiadas por estas técnicas. La simulación se emplea tanto para el diseño como para la ayuda en la toma de decisiones operacionales.

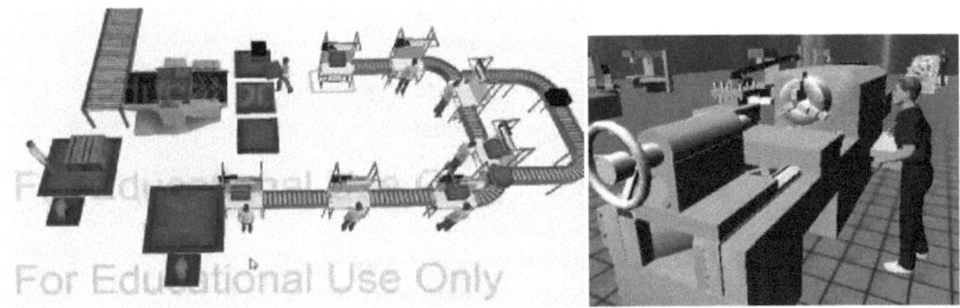

Figura 15 *Simulación de mejora de procesos de fabricación*
Fuente: https://www.google.com

Logística. La simulación contribuye de forma significativa a la mejora de los procesos logísticos en general. Dentro de esta área, se incluye tanto una cadena completa de suministros, como la gestión de inventarios de un almacén.

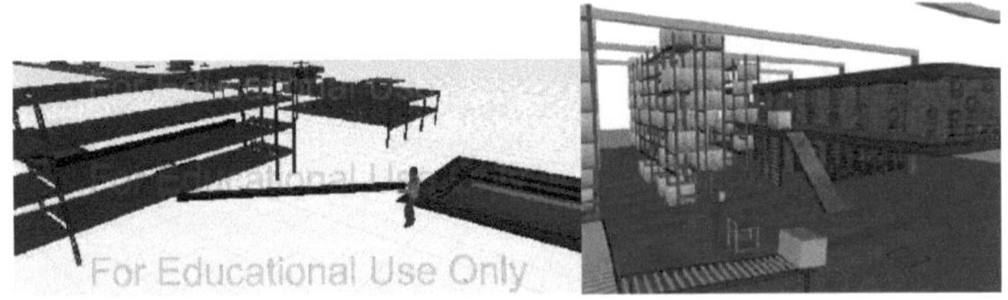

Figura 16 *Ejemplos de aplicación de la simulación a procesos logísticos*
Fuente: https://www.google.com

Simulación de robots. Existen programas específicos para simular todo tipo de robots, como los que se muestran en la Figura 17.

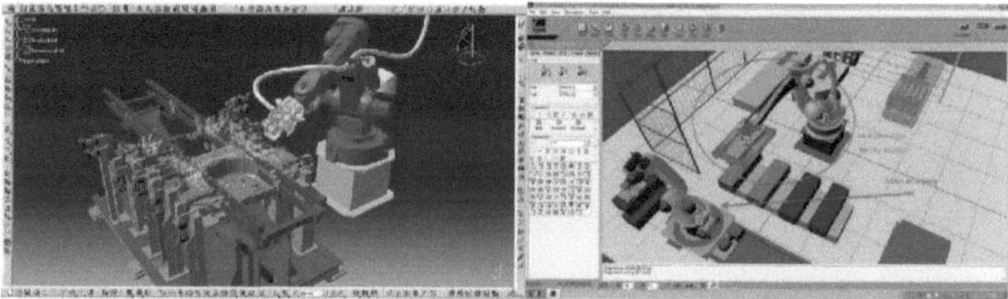

Figura 17 *Ejemplos de simulación de robots*
Fuente: https://www.google.com

Ergonomía. Simulación de la ergonomía de los puestos de trabajo.

Figura 18 *Simulación de la ergonomía en los puestos de trabajo*
Fuente: https://www.google.com

Montaje. Simulación del montaje en los procesos de producción.

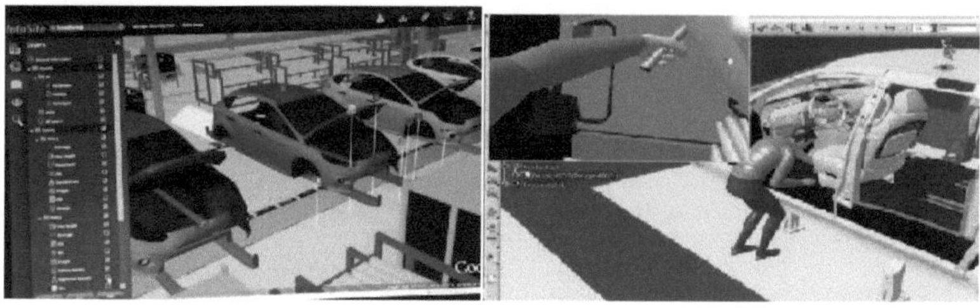

Figura 19 *Simulación de montaje en procesos de fabricación*
Fuente: https://www.google.com

Simulación para máquinas CNC. Se puede simular todo tipo de máquinas de control numérico, como se observa en la Figura20.

Figura 20 *Simulación para máquinas CNC*
Fuente: https://www.google.com

Simulación de servicios en general. Servicios públicos, gestión de restaurantes, banca, empresas de seguros, entre otros se pueden simular como se aprecian en la Figura 21.

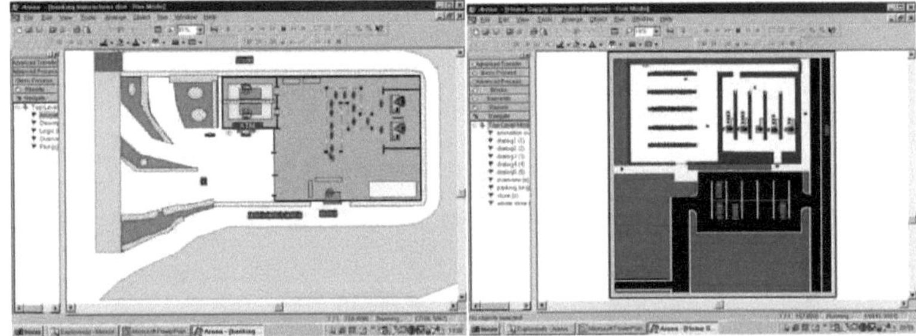

Figura 21 *Simulación de servicios en general*
Nota: Izquierda: simulación de un banco. Derecha: simulación de un supermercado
Fuente: https://www.google.com

2.10.8 LENGUAJES DE SIMULACIÓN

Las primeras etapas de un estudio de simulación se refieren a la definición del sistema a ser modelado y a la descripción del sistema en términos de sus variables y diagramas de flujo. Posteriormente, llega el momento de describir el modelo en un lenguaje que se ajuste a las necesidades de la simulación. Esta situación hace que en la mayoría de los casos, la selección de un paquete depende de si el analista lo conoce, lo entiende y lo sabe aplicar. Así que esta decisión debe ser evaluada en términos económicos y técnicos antes de tomar una decisión.

El proceso de evolución de los lenguajes de simulación ha sido largo y extenso. Comenzó a finales de los 50's y estos paquetes requerían conocimientos de código de programación y además disponían de comandos que realizaban funciones operativas de producción.

En la Tabla 7se presenta una cronología de los paquetes de simulación existentes hasta los actuales momentos:

Tabla 7 *Lenguajes de simulación*

Paquete	Descripción
GERT, SINSCRIPT GPSS, SIMULA	Primeros lenguajes de programación
CINEMA, SIMAN que luego formaron ARENA	Realizan las primeras animaciones
WITNESS, ProModel, SLAM, SIMFACTORY	A finales de los años 80's estos paquetes permiten simulación de procesos logísticos y de fabricación
SIMPLE++, SIMUL8, TAYLOR	Aparecen en los 90's. Son programas de simulación orientado a objetos para el modelado de todo tipo de procesos de fabricación, logística y sistemas de servicios
FLEXSIM	Lanzado en febrero de 2003, y con la última versión 7.5.4 (28 de febrero de 2015) **Flexsim Simulation Software** es un paquete para la simulación de eventos discretos y fluidos que permite **modelar, analizar, visualizar, experimentar** y **optimizar** cualquier proceso industrial, desde procesos de manufactura hasta cadenas de suministro. Además, FlexSim es un programa que permite construir y ejecutar el modelo desarrollado en una simulación dentro de un entorno 3D desde el comienzo. Actualmente, El software de simulación FlexSim es usado por empresas líderes en la industria para simular sus procesos productivos antes de llevarlo a ejecución real.

Nota. Fuente: Adaptado de (Vizán, 2014), (FlexSim Problem Solved, 2015)

2.10.9 SIMULACIÓN DE PROCESOS DE FABRICACIÓN Y ENSAMBLAJE

La simulación de procesos de fabricación y ensamblaje, incluye desde el estudio de layout de planta, hasta el análisis de aspectos de ensamble, robóticos y logísticos del proceso para garantizar que todas las variantes y combinaciones de modelos se ensamblen de la forma establecida y en los tiempos previstos.

Importantes firmas como Airbus, Mercedes, Renault, Gamesa, General Motors, CAF, entre otras, realizan estudios de simulación de sus procesos de fabricación y ensamblaje.

La importancia de simular procesos de fabricación y ensamblaje se resume en los siguientes puntos:

- Validar la integridad diseño/ensamblaje antes de pasar a fabricar sin tener que realizar costosos prototipos.
- Validar secuencias de operaciones y concepción de útiles.
- Identificar anomalías de ensamblaje.
- Analizar varias alternativas y determinar cuál es el mejor proceso de ensamble / desensamble.
- Visualizar y validar procesos de ensamble y desensamble.
- Analizar contactos y colisiones.

2.10.10   BENEFICIOS DE LA SIMULACIÓN DE PROCESOS DE FABRICACIÓN Y ENSAMBLAJE

- Eliminar los costes de realización de prototipos.
- Desarrollo interactivo del diseño de producto y proceso.
- Saber qué se puede y qué no se puede hacer
- La simulación reduce el costo de pruebas y errores de diseños iterativos.
- Aumenta la eficiencia de comunicación entre la ingeniería del producto con clientes y proveedores.
- Se puede crear un entorno de trabajo más seguro y a un menor coste de operatividad.

- Mejora la competitividad detectando ineficiencias motivada por la descoordinación entre secciones de una misma planta.
- Anticipa lo que pasaría si cambiáramos variables como unidades a fabricar, operarios, maquinas, etc.
- Informa de los costes reales por artículo, valorando el impacto real de cada lote dentro del total a fabricar.

2.11 LA OPTIMIZACIÓN

En el campo de la investigación operativa, las técnicas de optimización se enfocan en determinar la política a seguir para maximizar o minimizar la respuesta del sistema. Dicha respuesta, en general, es un indicador del tipo "Costo", "Producción", "Ganancia", entre otros, la cual es una función de la política seleccionada. Dicha respuesta se denomina objetivo, y la función asociada se llama función objetivo. (Enríquez & Redchuk, 2013).

Una política es un determinado conjunto de valores que toman los factores que podemos controlar a fin de regular el rendimiento del sistema. Es decir, son las variables independientes de la función objetivo. Por ejemplo, si se desea definir la cantidad de operarios y horas trabajadas para producir lo máximo posible en una planta de trabajos por lotes. En este ejemplo, el objetivo es la producción de la planta, y las variables de decisión son la cantidad de operarios y la cantidad de horas trabajadas. Otros factores afectan a la producción, como la productividad de los operarios, pero los mismos no son controlables por el tomado de decisiones. Este último tipo de factores se denominan parámetros.(Enríquez & Redchuk, 2013)

En general, el quid de la cuestión en los problemas de optimización radica en que se está limitado al poder de decisión. Por ejemplo, se puede tener un tope máximo a la cantidad de horas trabajadas, al igual que un rango de cantidad de operarios entre los que se puede manejar. Estas limitaciones, llamadas "restricciones", reducen la cantidad de alternativas posibles, definiendo un espacio acotado de soluciones factibles (y complicando, de paso, la resolución del problema). Nótese que se acaba de hablar de "soluciones factibles". Y es que, en optimización, cualquier vector con componentes apareadas a las variables independientes que satisfaga las restricciones, es una solución factible, es decir, una política que es posible de implementar en el sistema. Dentro de las soluciones factibles, pueden existir una o más soluciones óptimas, es decir, aquellas que, además de cumplir con todas las restricciones, maximizan (o minimizan, según sea el problema a resolver) el valor de la función objetivo.

Resumiendo, un problema de optimización está compuesto de los siguientes elementos(Enríquez & Redchuk, 2013):

- Un conjunto de restricciones
- Un conjunto de soluciones factibles, el cual contiene todas las posibles combinaciones de valores de variables independientes que satisfacen las restricciones anteriores.
- Una función objetivo, que vincula las soluciones factibles con la performance del sistema.

Si la simulación y la optimización se ven separadas se tiene la siguiente desventaja(Flores, 2013):
Simulación: subconjunto limitado de escenarios.
Optimización: no contempla fluctuaciones en el modelo.

Al unirlas se obtiene la ventaja de mejorar en los aspectos de análisis y consecuente optimización cuando esto sea posible.
La relación entre simulación y optimización se lo puede apreciar en la Figura 22.

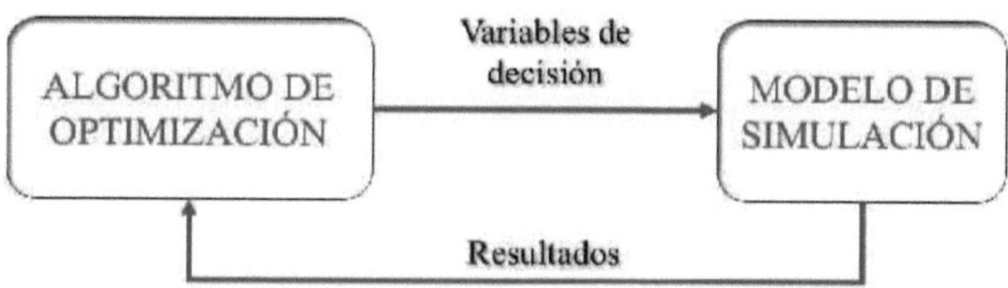

Figura 22 *Relación entre la optimización y la simulación*
Fuente: Adaptado   de   (Flores,   2013)

CAPÍTULO 4

APLICACIÓN DEL SOFTWARE PARA UN PROCESO INDUSTRIAL EN LAS ÁREAS DE FABRICACIÓN Y MONTAJE DE EMPRESAS PARA PROCESO DISCRETO

En este capítulo se exponen las características de la empresa seleccionada para realizar el proceso de simulación. Se detalla una descripción del proceso de fabricación escogido. Se aplican los pasos de la metodología de la simulación usando el software FlexSim y finalmente se realiza una optimización del modelo.

4.1 CARACTERÍSTICAS GENERALES DE LA EMPRESA

El grupo empresarial SEDEMI S.C.C. (SERVICIOS DE MECÁNICA INDUSTRIAL, DISEÑO, CONSTRUCCIÓN Y MONTAJES) se encuentra ubicado en la Vía Sangolquí - Amaguaña, Km 4½ lotización "El Carmen", lote 4 (Figura 23). Desde el año 1990 atiende los requerimientos de proyectos de infraestructura públicos y privados a través de cuatro Unidades de Negocios Especializadas en la Gestión Integral de Proyectos: Eléctrico (Generación & Transmisión), Petróleo & Gas, Telecomunicaciones y Construcciones Metálicas en General.

Su gestión empresarial se fundamenta en el suministro de productos y servicios metalmecánicos con altos estándares de calidad, brindando un servicio especializado que garantiza la competitividad de la empresa, aumentando progresivamente el nivel de confianza y superando las expectativas de cada uno de sus clientes.

Figura 23 *Instalaciones de SEDEMI*
Fuente: SEDEMI

4.2 PROYECTO DE LA TUBERÍA DE PRESIÓN CENTRAL ALLURIQUÍN HIDROELÉCTRICA TOACHI – PILATÓN EN SEDEMI

El proyecto Hidroeléctrico Toachi-Pilatón aprovechará las aguas de los ríos Pilatón y Toachi, que se encuentran en la vertiente occidental de la cordillera de los Andes, aportantes a la cuenca del pacífico, específicamente, el proyecto está ubicado en las provincias de Pichincha, Santo Domingo de los Tsáchilas y Cotopaxi, cantones Mejía, Santo Domingo de los Tsáchilas y Sigchos, respectivamente.

Figura 24 *Ubicación del proyecto Hidroeléctrica Toachi-Pilatón*
Fuente: SEDEMI

El proyecto comprende dos aprovechamientos en cascada: Pilatón-Sarapullo con la central Sarapullo (49 MW) y Toachi-Alluriquín con la central de generación Alluriquín (204 MW); además se aprovechará el caudal ecológico vertido por la presa de Toachi instalando una mini central de 1.4 MW, lo que da un total de 254.4 MW de potencia instalada que aportará al Sistema Nacional Interconectado de 1100 GWh de energía media anual.

El aprovechamiento Toachi-Alluriquín se encuentra constituido por una presa de hormigón a gravedad de 60 m de altura, sobre el río Toachi, atravesada por la galería de interconexión del túnel de descarga de Sarapullo con el túnel de presión Toachi-Alluriquín, la conducción de las aguas captadas en este aprovechamiento se las efectúa a través de un túnel de presión que tiene una longitud de 8.7 km de sección circular que transporta el caudal a la casa de máquinas subterránea y que está prevista de 3 turbinas Francis de eje vertical de 68 MW, aprovechando una caída de 235 m. A pie de presa de la central se ubica una mini central de 1.4 MW.

La fábrica rusa "TYAZHMASH", luego de un proceso exigente de licitación, seleccionó y contrató a SEDEMI para que proporcione los servicios de suministro, fabricación y montaje de la tubería de presión, bifurcadores, te y codos (1´606 144 kg de acero ASTM A537 CLASE 2 templado y revenido) para la central hidroeléctrica Toachi-Pilatón Central "Alluriquín" (Figura 25).

Figura 25 *Proyecto que le corresponde a SEDEMI*
Fuente: SEDEMI

La duración estimada del proyecto es de 437 días y comenzó el lunes 7 de julio de 2014 y se prevé terminarlo el miércoles 9 de septiembre de 2015.

Actualmente, en cuanto a fabricación se debería tener listo el 100% de la tubería, sin embargo por distintos motivos de retraso en la zona de montaje de Toachi-Pilatón, SEDEMI no puede ni ha podido fabricar las tuberías según la planificación establecida. En tal virtud, apenas se tiene fabricado el 40% de la tubería y no se dispone de información sobre el tiempo en que finalizará el proyecto.

En la Figura 26 se muestra el plano de la tubería total a ser fabricada y montada por parte de SEDEMI. En el Anexo A se puede apreciar el plano completo de la tubería en mayor detalle

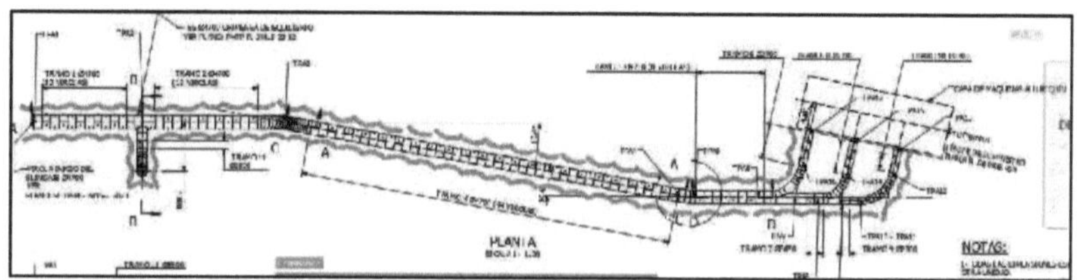

Figura 26 *Planos de la tubería de presión*
Nota. Fuente: SEDEMI

En la tabla 8 se resumen algunas de las características del proyecto:

Tabla 8 *Características el proyecto de SEDEMI*

Alcance:	Suministro, fabricación y montaje de la tubería de presión, bifurcadores, te y codos (1´606144 kg de acero ASTM A537 CLASE 2 templado y revenido) para la central hidroeléctrica Toachi-Pilatón Central "Alluriquín"
Longitud aproximada:	550 m de tubería
Duración estimada:	437 días
Fecha de inicio:	7 de julio de 2014
Fin del proyecto:	9 de septiembre de 2015
Tubos a fabricar:	154 tubos de 3 m de longitud
Codos a fabricar:	70 codos de 3 m de longitud
Te a fabricar:	4 te de 3 m de longitud
Bifurcadores a fabricar:	4 bifurcadores de 3 m de longitud
Conos a fabricar:	3 conos de 3 m de longitud
Tiempo para la fabricación	219 días (1752 horas)

Nota. Fuente: SEDEMI

Es importante destacar que SEDEMI no tiene datos de producción y tiempos de la fabricación de las te, los codos y las bifurcaciones. La fábrica esperará a la finalización y entrega del proyecto para documentar estos datos.

Apenas se dispone de escasa información del proceso de fabricación de los tubos y, en base a esto, se realizó la simulación con tiempos recogidos en las distintas etapas del proceso y cuyo diagrama de flujo se observa en la Figura27.

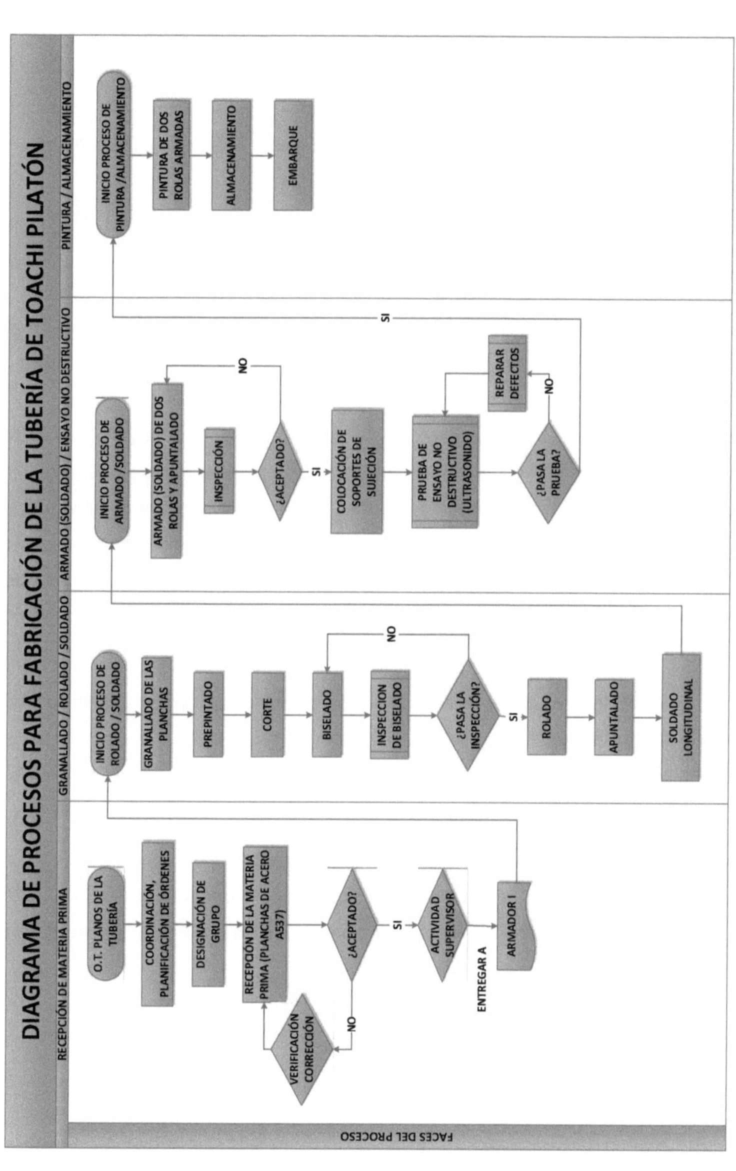

Figura 27   *Diagrama de procesos de la tubería de presión*

4.3 APLICACIÓN DE LA METODOLOGÍA DE SIMULACIÓN

Aplicando la metodología de simulación descrita en el Capítulo 3, se procede a desarrollar un modelo de simulación para el proceso de fabricación de los tubos de presión para la central hidroeléctrica Toachi-Pilatón realizado por la empresa SEDEMI.

4.3.1 FORMULACIÓN DEL PROBLEMA

La medida de desempeño que se va a analizar es el número de tubos armados que se van a alcanzar a fabricar en un tiempo de 219 días de 8 horas de trabajo (105120 minutos)

Es necesario aclarar que el proceso que se quiere modelar es la fabricación de 154 tubos, 70 codos, 4 te y 4 bifurcadores, pero se usará el mismo diagrama de flujo de los tubos para todos estos elementos, debido a que no se dispone de la información del proceso de fabricación de los codos, te y bifurcaciones. Esta decisión se la tomó con la aprobación de los distintos jefes de los procesos de abastecimiento, granallado, corte y biselado, rolado, soldado longitudinal, armado y almacenado de SEDEMI.

Por consiguiente, el modelo simula el **proceso de fabricación de 230 tubos de presión (rolas)** de 3000 mm de largo, 4700 mm de diámetro exterior y 36 mm de espesor **y el armado de 115 tubos de 6000** mm de largo (2 rolas soldadas) en 219 días.

En la Figura 23se muestra, en síntesis, lo que SEDEMI debe fabricar y armar a partir de la materia prima: fabricación de **232 tubos de presión (rolas) de 3000 mm** de largo, 4700 mm de diámetro exterior y 36 mm de espesor **y armado de 116 tubos de 6000** mm de largo (2 rolas soldadas).

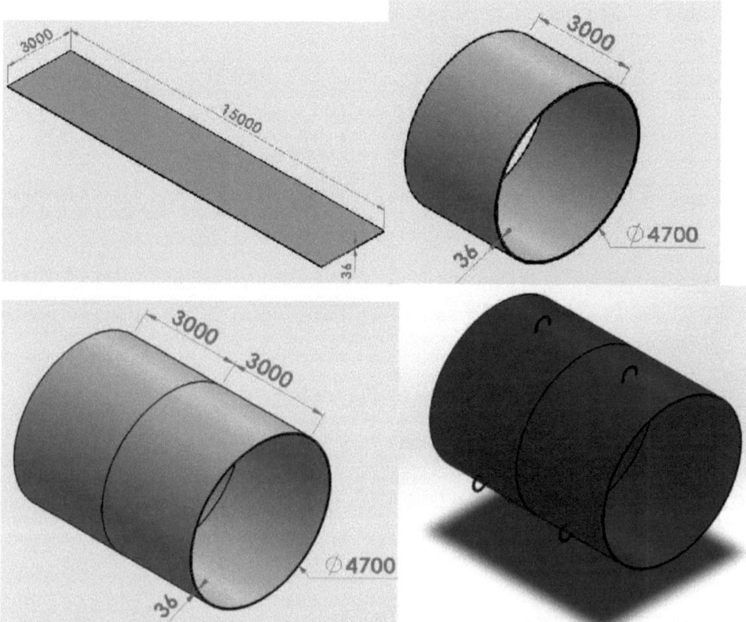

Figura 28 *Fabricación de los tubos de presión de SEDEMI*

Nota. Izquierda arriba: materia prima. Derecha arriba: Tubos de 3000 mm de longitud. Izquierda debajo: Dos tubos soldados de 6000 mm de longitud. Derecha debajo: Dos rolas armadas con soportes de sujeción y pintado.

Las actividades afines en el proceso de fabricación para las tuberías de presión se realizan en el orden detallado en la Tabla 9:

Tabla 9 *Descripción de los procesos en la fabricación de los tubos*

Proceso	Descripción
1. Almacenamiento de materia prima	Es la actividad de almacenar las planchas de acero ASTM A537 CLASE 2 templado y revenido de 36mmx3000mmx15000mm.
2. Proceso de granallado	Con la máquina grallanadora y con la ayuda de 3 obreros se realiza una limpieza SSPC-SP10 con chorro abrasiva de las planchas de acero.
3. Prepintado de las planchas	Luego que las planchas han pasado por la técnica de tratamiento superficial, se lleva a cabo un proceso de prepintado en la misma zona de trabajo del granallado.
4. Corte de las placas de acero en la máquina "KOIKE ARONSON INC."	En esta parte del proceso se cortan las planchas con las dimensiones de 14765.5 mm x 3000 mm para poder rodarlas con un diámetro de 4700 mm
5. Biselado de las placas cortadas	Se realiza un biselado o corte en bisel que consiste en un proceso preparatorio para realizar posteriores soldaduras. El biselado se lo realiza en los dos extremos a lo ancho y en uno de los extremos a lo largo de la plancha cortada. Este proceso se lleva a cabo en la misma máquina de corte.
6. Inspección de biselado	Se toman medidas del biselado para determinar si corresponden a las exigencias del diseño. Se ha llegado a determinar que el 20% de las piezas biseladas no pasan el proceso de inspección.
6.1 Reparación (En caso de no pasar prueba de biselado)	Se corrige el biselado hasta que cumpla con las especificaciones del diseño.
7. Rolado en la Roladora "DAVI"	Para formar el tubo, se usa el proceso de rolado, mediante el cual en un proceso continuo la placa de acero es sometida a una serie de rodillos que le proporcionan a la tira de acero la forma deseada. Las características que definen el producto que sale del rolado, son el diámetro exterior del tubo (4700 mm) y su espesor de pared (36 mm).
8. Apuntalado	Se toman algunos puntos de soldadura en la misma máquina roladora.
9. Soldado longitudinal	Se realiza un soldado longitudinal de 3000 mm para conformar la tubería y se obtiene una rola.
10. Armado de dos rolas y apuntalado	Se emplea un día y medio de preparación para armar dos rolas y 6 horas adicionales para soldarlas. De esta manera se obtiene una tubería de 6000 mm de longitud. En esta misma etapa se hacen algunos puntos de soldadura para en la siguiente fase colocar unos soportes de sujeción.
11. Colocación de soportes de sujeción	Se sueldan soportes de sujeción que son necesarios para el montaje en la central hidroeléctrica. Dependiendo del tramo de tubería se pueden colocar entre 4 y 8 soportes de sujeción.
12. Prueba de ensayo no destructivo	Se realizan pruebas de ultrasonido para identificar y caracterizar daños internos y para identificar y verificar las soldaduras realizadas.
12.1 Reparación (En caso de no pasar la prueba de END)	Si la rola armada no pasa la prueba de END, entonces se realizan las correcciones correspondientes para finalmente poder pasar a la siguiente etapa del proceso.
13. Pintura de dos rolas armadas	Aplicación de pintura a base de resinas epóxicas rica en zinc como imprimante y una pintura a base de resinas epóxicas con alquitrán como acabado compatible con la base anticorrosiva. El espesor total de la película es de 16 mil (0.4064 mm).
14. Almacenamiento	La tubería terminada se almacena en la misma zona de trabajo donde se realizó la pintura hasta que sean embarcadas y llevadas al montaje en Toachi Pilatón. Se almacenan entre 2 y 3 rolas armadas por un tiempo de 15 a 20 días.
15. Embarque	Con ayuda de las grúas se realiza el proceso de traslado del

producto terminado desde la zona de almacenamiento hasta los containers para llevarlo a la central hidroeléctrica y aquí finaliza el proceso de fabricación y armado de las tuberías.

4.3.2 RECOLECCIÓN DE DATOS

La recolección de datos reales de la fabricación de la tubería se la efectuó con la ayuda de los obreros de la empresa y con información proporcionada por ingenieros encargados del granallado, de la pintura, del soldado, del rolado y del almacenamiento.

Con la ayuda del layout de la fábrica, se hizo una selección de las zonas que intervienen en el proceso de fabricación y armado de las tuberías delimitando el espacio en el que se llevan las diferentes actividades de producción (Figura 29).

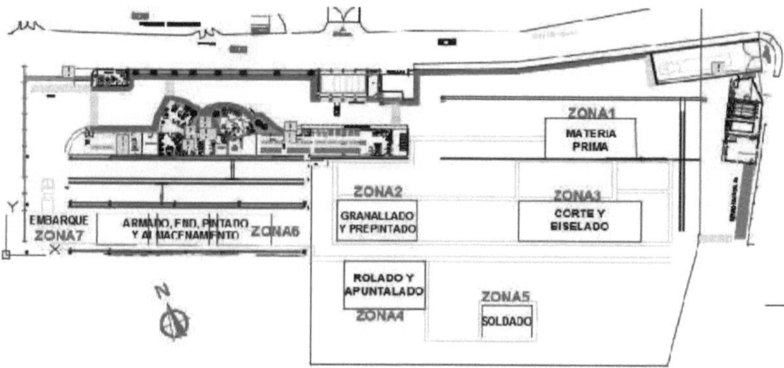

Figura 29 *Identificación y limitación de los procesos de fabricación de la tubería*

La Tabla 10 resume el número de obreros y el tipo de transporte que interviene en cada etapa del proceso:

Tabla 10 *Recolección de datos en los procesos de fabricación de los tubos*

Proceso	N° obreros	ZT	TT	
1. Almacenamiento de materia prima	4	Zona 1	Llegada	Montacarga1
			Salida	
2. Proceso de granallado		Zona 2	Llegada	Montacarga2
3. Prepintado de las planchas	3		Salida	
				Puente grúa1
4. Corte de las placas de acero en la máquina "KOIKE ARONSON INC."	3	Zona 3	Llegada	
5. Biselado de las placas cortadas	4		Salida	
6. Inspección de biselado	2			Puente grúa2
6.1 Reparación (Para piezas que no pasen la inspección (20%))	2			
7. Rolado en la Roladora "DAVI"	3	Zona 4	Llegada	
8. Apuntalado	2		Salida	Puente grúa3
9. Soldado longitudinal	2	Zona 5	Llegada / Salida	
10. Armado de dos rolas y apuntalado	4		Llegada	Puente grúa4
11. Colocación de soportes de sujeción	4			
12. Prueba de ensayo no destructivo (END)	2	Zona6		
12.1 Reparación (Para rolas armadas con soportes de sujeción que no pasen la prueba de END (25%)	2		Salida	Puente grúa5
13. Pintura de dos rolas armadas	2			
14. Almacenamiento	2			
15. Embarque		Zona 7	Llegada	

Nota. ZT: Zona de trabajo (véase figura 3.5)
TT: Tipo de transporte
La velocidad de los montacargas y del puente grúa es de 1.0 km/h (16 667 mm/min)

Para la recolección de datos de tiempo de preparación y de operación, se usaron datos históricos de la propia fábrica, pero apenas se disponía de promedios de tiempos, en tal virtud y por motivos de simulación, la teoría demanda que la simulación es un estudio aleatorio y se deben trabajar con distribuciones aleatorias de probabilidad. Para esto, se necesitan de al menos 30 datos de tiempo para cada proceso y en la Tabla11 se resume una muestra con 30 tiempos, en algunos casos, y en otros se usa el tiempo medio de los procesos que intervienen en la fabricación y armado de la tubería de presión.

Tabla 11 *Datos de tiempos en los procesos de fabricación de los tubos*

Proceso	Tiempo de preparación (ST) $[m]$	Tiempo de proceso (PT) $[m]$
1. Llegada de materia prima	0	20.0 30.0 25.0 50 30 25 30 45 25 40 30 25 20 30 20 30 10 50 35 25 30 20 40 30 20 35 40 45 30 25.0
2. Proceso de granallado	45.0 50.0 40.0 45.0 55.0 50.0 45.0 50.0 40.0 55.0 55.0 50.0 50.0 45.0 45.0 50.0 45.0 40.0	61.5 62.3 64.7 70.0 68.9 65.0 60.8 69.7 70.5 70.0 63.5 65.8 64.6 60.0 70.0 70.0 63.8 69.7
3. Prepintado de las planchas	50.0 45.0 45.0 50.0 55.0 50.0 50.0 45.0 40.0 40.0 45.0 50.0	68.8 66.7 67.9 67.4 63.8 62.1 61.1 65.8 60.4 61.8 69.4 67.0
4. Corte de las placas de acero en la máquina "KOIKE ARONSON INC."	21.2 20.5 23.4 25.5 20.4 26.4 27.6 24.6 20.1 22.4 23.5 24.3 21.0 22.6 23.4 25.8 24.6 22.1 23.0 21.0 24.6 24.7 20.1 23.1 24.6 22.1 23.5 24.6 23.1 20.5	52.5 50.2 53.7 50.1 53.3 50.3 50.4 52.1 53.2 52.1 50.5 50.7 53.2 50.4 50.7 50.8 51.6 50.8 52.3 50.1 50.9 52.6 53.0 52.1 50.7 50.9 51.4 52.6 52.9 52.0
5. Biselado de las placas cortadas	10.0	420.0 425.0 433.0 428.0 435.0 429.0 421.0 439.0 424.0 426.0 429.0 432.0 438.0 437.0 426.0 437.0 426.0 425.0 425.0 422.0 423.0 426.0 430.0 427.0 425.0 437.0 425.0 420.0 427.0 433.0
6. Inspección de biselado	20.0	20.0
6.1 Reparación (Para piezas que no pasen la inspección (20%))	10.0	120 131 127 118 114 125 133 139 130 131 135 120 121 123 124 125 136 133 131 130 120 118 119 130 122 131 128 129 131 130
7. Rolado en la Roladora "DAVI"	30.0 35.0 32.0 36.0 37.0 33.0 35.0 33.0 32.0 30.0 31.0 33.0 35.0 34.0 35.0 35.0 30.0 36.0 37.0 35.0 35.0 32.0 37.0 33.0 32.0 32.0 37.0 30.0 31.0 30.0	245.0 250.0 245.0 258.0 255.0 247.0 248.0 250.0 251.0 251.0 251.0 247.0 245.0 2450. 254.0 253.0 254.0 255.0 245.0 248.0 253.0 249.0 255.0 255.0 245.0
8. Apuntalado		248.0 249.0 250.0 254.0 255.0
9. Soldado longitudinal	30.0	90.1 95.4 97.8 100.5 92.0 93.1 97.4 102.5 99.4 100.4 101.2 94.6 97.6 98.1 102.4 100.8 98.7 96.2 103.4 98.4 95.6 101.0 97.5 96.1 93.4 92.0 91.4 94.6 96.4 94.5

10. Armado de dos rolas y apuntalado	725.0 720.0 730.0 735.0 740.0	365.0 360.0 350.0 365.0 370.0
	721.0 723.0 736.0 745.0 736.0	355.0 370.0 360.0 355.0 345.0
	715.0 730.0 736.0 749.0 745.0	350.0 365.0 360.0 345.0 340.0
	736.0 725.0 721.0 739.0 738.0	340.0 350.0 365.0 360.0 375.0
	737.0 736.0 725.0 739.0 724.0	370.0 345.0 340.0 350.0 330.0
	721.0 733.0 734.0 729.0 727.0	350.0 345.0 350.0 355.0 365.0
11. Colocación de soportes de sujeción	240.0 243.0 250.0 248.0 246.0	125.0 128.0 127.0 130.0 120.0
	247.0 245.0 243.0 240.0 241.0	121.0 133.0 134.0 124.0 125.0
	248.0 249.0 250.0 241.0 243.0	128.0 133.0 137.0 138.0 139.0
	247.0 249.0 246.0 245.0 244.0	124.0 126.0 129.0 130.0 127.0
	243.0 247.0 242.0 250.0 241.0	138.0 129.0 131.0 130.0 137.0
	243.0 247.0 249.0 242.0 242.0	141.0 139.0 137.0 130.0 126.0
12. Prueba de ensayo no destructivo (END)	60.0	420.0 425.0 430.0 430.0 445.0
		415.0 410.0 435.0 450.0 435.0
		420.0 425.0 440.0 445.0 420.0
		425.0 425.0 430.0 445.0 450.0
		445.0 440.0 430.0 420.0 425.0
		435.0 435.0 440.0 440.0 450.0
12.1 Reparación (Para rolas armadas con soportes de sujeción que no pasen la prueba de END (25%)	60.0	480.0 470.0 460.0 480.0 480.0
		450.0 460.0 470.0 440.0 450.0
		470.0 480.0 480.0 470.0 460.0
		470.0 460.0 460.0 450.0 440.0
		480.0 470.0 480.0 440.0 440.0
		450.0 470.0 480.0 440.0 440.0
13. Pintura de dos rolas armadas	15.0 16.2 20.1 19.5 15.5 17.5	60.2 65.5 62.3 63.5 66.2 63.4
	16.5 15.8 20.0 17.6 16.7 18.2	64.8 63.9 67.5 70.4 60.1 66.6
	16.3 17.4 15.5 15.1 16.1 17.0	63.9 67.8 69.1 71.2 73.4 68.9
	18.9 20.1 16.9 16.8 16.4 17.9	64.1 63.2 66.9 67.8 67.4 62.1
	15.4 15.3 17.8 19.7 15.8 16.7	63.3 68.9 67.4 69.0 70.3 65.8
14. Almacenamiento		60.0 65.1 71.4 61.4 60.2 60.3
		66.4 63.9 62.0 61.7 65.7 63.9
15. Embarque	20.0	68.7 69.4 61.8 69.7 70.4 71.6
		64.3 66.8 65.4 67.9 69.8 68.9
		63.2 69.4 65.3 62.5 67.5 63.1

Los datos de entrada constituyen una etapa crítica de todo proceso de simulación. Razón por la cual, una vez que se han recolectado los tiempos, se buscan distribuciones estadísticas que se ajusten a la concentración de datos. Luego, se usan esos ajustes en la simulación. Mediante un instrumento computacional, fue posible aplicar las pruebas de bondad de ajuste a todos los datos que se recolectaron y el mismo programa se encarga de entregar la mejor distribución estadística.

Se realizaron ajustes para cada proceso y a manera de ejemplo, en la Figura 30, se muestra la gráfica de una distribución beta que se obtuvo para el tiempo de preparación del proceso de armado de dos rolas y apuntalado:

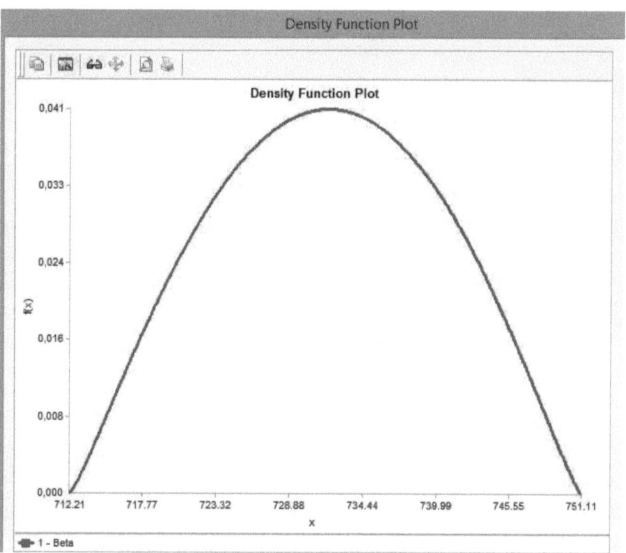

Figura 30 *Distribución de función de probabilidad para el tiempo de preparación de armado de dos rolas*

Los ajustes obtenidos para los tiempos de cada proceso se muestran en el Anexo B. Como ejemplo, siguiendo con el tiempo de preparación del armado de dos rolas, para el tiempo de preparación se debe ingresar el siguiente código:

```
treenodecurrent = ownerobject(c);
treenodeitem = parnode(1);
intport = parval(2);
returnbeta( 712.211495, 751.107273, 2.212473, 2.195743, 11);
```

4.3.3 DISEÑO CONCEPTUAL DEL MODELO

Se va a realizar una especificación del modelo a partir de las características de los elementos del sistema que se quiere estudiar y sus interacciones teniendo en cuenta la formulación del problema. En la Figura 31se muestra un diseño esquemático del proceso de fabricación y armado de la tubería de presión para Toachi-Pilatón.

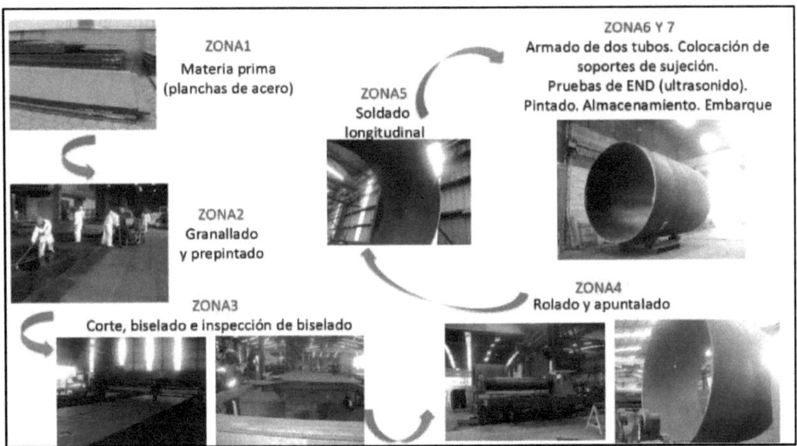

Figura 31   *Diseño esquemático del proceso de fabricación de la tubería*

4.3.4 CONSTRUCCIÓN DEL MODELO

Con la ayuda del software se procede a diseñar y construir el modelo de simulación partiendo del modelo conceptual y de los datos recogidos. LaFigura32 muestra el layout de la planta de SEDEMI importado al software.

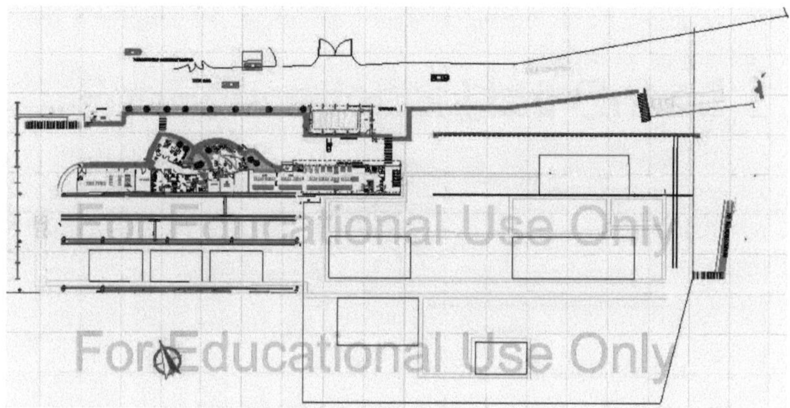

Figura 32 *Layout de la fábrica importado.*

Sobre este layout se irá diseñando el modelo a escala con todas las parametrizaciones correspondientes de acuerdo a los datos recogidos, las funciones de probabilidad y los planos de la fábrica (Figura 33). El diseño se lo hizo usando subprocesos para tener una mejor apreciación de las distintas zonas del proceso.

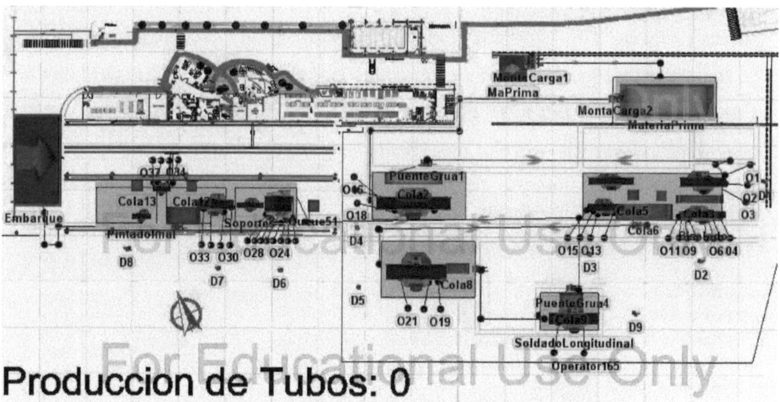

Figura 33 *Diseño del modelo en el software (vista superior)*

En la Figura 34 se muestra el diseño del modelo en perspectiva con sus respectivas conexiones.

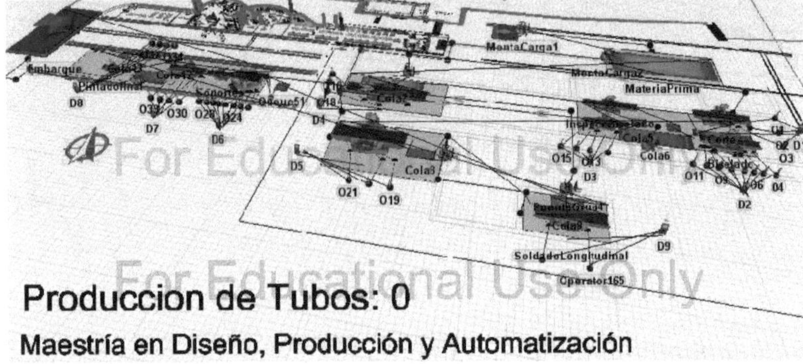

Figura 34   *Modelo en perspectiva con las respectivas conexiones*

Es necesario destacar que el modelo de simulación tiene un alto grado de complejidad debido a los subprocesos involucrados, a la cantidad de operarios, a los distintos transportadores y a las interconexiones entre estos elementos. Sin embargo, se ha procurado no simplificarlo demasiado para que sea el más fiel reflejo posible de la realidad.

Cada proceso, cada operario, cada trasportador debe ser configurado de acuerdo a los datos recogidos. Por tal motivo, las herramientas estándar del software no fueron suficientes para los propósitos de esta simulación y fue necesario usar código de programación. Así por ejemplo, el tiempo de proceso del biselado está en función del número de obreros que intervengan en dicha actividad. Traduciendo a código, fue necesario programar de la siguiente manera:

```
treenodecurrent = ownerobject(c);
treenodeitem = parnode(1);
returnrandomwalk( 413.955720, 0.081053, 0.490212, 6)/3*(4-
getvarnum(current, "nrofprocessoperators")/4);
```

Una vez que se ha terminado de diseñar el modelo, se procede a probarlo para verificar que se acerque a la realidad.

4.3.5 VERIFICACIÓN Y VALIDACIÓN DEL MODELO

En esta etapa se comprueba que el modelo se comporta como es de esperar y que existe la correspondencia adecuada entre el sistema real y el modelo. Para esto con la ayuda de un experimentador, una herramienta incorporada en el software se proceden a realizar 30 corridas debido a que los tiempos introducidos al programa son de variable aleatoria y por lo tanto los resultados deben ser de la misma naturaleza.

Se quiere responder a la pregunta *¿Qué producción de tubos se ha obtenido en los 105 120 minutos (219 días de 8 horas de trabajo) de simulación?*

Es necesario correr varias veces el modelo porque las variables involucradas son aleatorias y de esta manera se obtiene confiabilidad estadística.

Para empezar se ingresa al Experimenter y luego a la pestaña "Performance Measures" y en este caso se va a analizar el número de tubos obtenidos durante los 105 120 minutos (219 días de 8 horas de trabajo). Se configura como se muestra en la Figura 35.

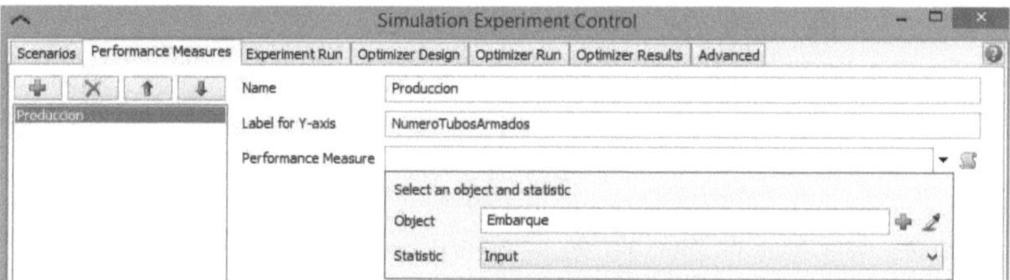

Figura 35 *Configuración del "Performance Measures"*

Posteriormente, se ingresa en la pestaña "Experiment Run" para realizar 30 corridas distintas (Figura 36):

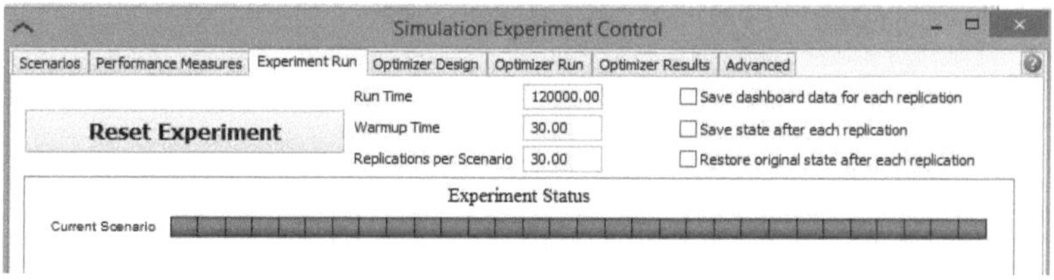

Figura 36 *Corrida de 30 réplicas del modelo en Experimenter de FlexSim*

Una vez que se ha mandado a correr el experimento se obtienen los resultados mostrados en la Figura 37.

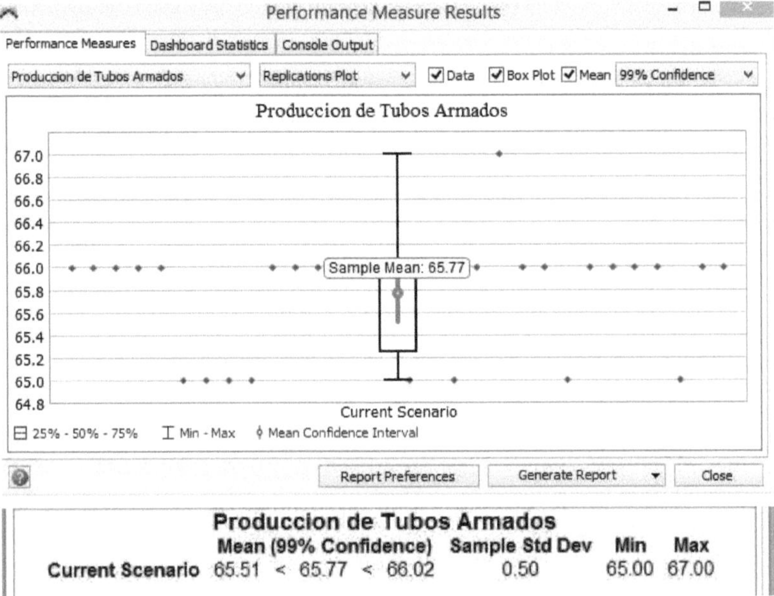

Figura 37 *Gráfica de resultados e intervalo de confianza de la producción de tubos*

Quiere decir que el intervalo de confianza de los datos de salida, es decir del número de tubos armados y pintados listos para el embarque, está entre 65.51 y 66.02con una media de 65.77 con el 99% de confianza en un tiempo total de producción de 219 días de 8 horas de trabajo (105120 minutos).

En la Figura 38 se puede apreciar el número de tubos proyectado por SEDEMI en el tiempo planteado y el valor que arroja el simulador.

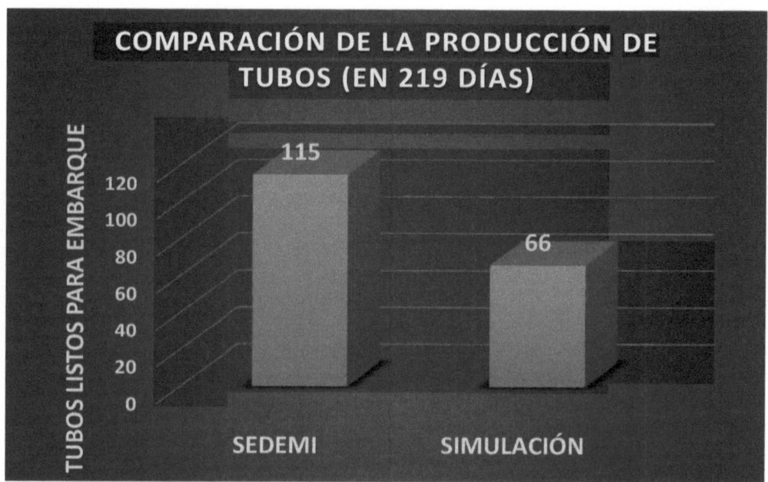

Figura 38 *Comparación de la producción entre la simulación y la proyección de SEDEMI*

Por consiguiente, se puede concluir que el modelo de simulación se comporta de acuerdo a la información y los datos recogidos, sin embargo, SEDEMI no alcanzaría la meta de tener listo los 115 tubos para el montaje de la tubería de presión. De acuerdo a la simulación solo se alcanzaría a fabricar y armar el **57.39%** de los tubos en el tiempo que tiene previsto la fábrica.

Por otro lado, SEDEMI invirtió varios miles de dólares en la máquina roladora "DAVI". No se dispuso del dato real de esta compra, sin embargo, se averiguó en el mercado internacional y el precio oscila alrededor de los 200 000 USD. Debido a esta alta inversión, es preocupación de la fábrica determinar el tiempo efectivo que la máquina sería usada.

Para esto, se dispone de una herramienta gráfica llamada pizarrón que permite responder a este tipo de preguntas (Figura 39).

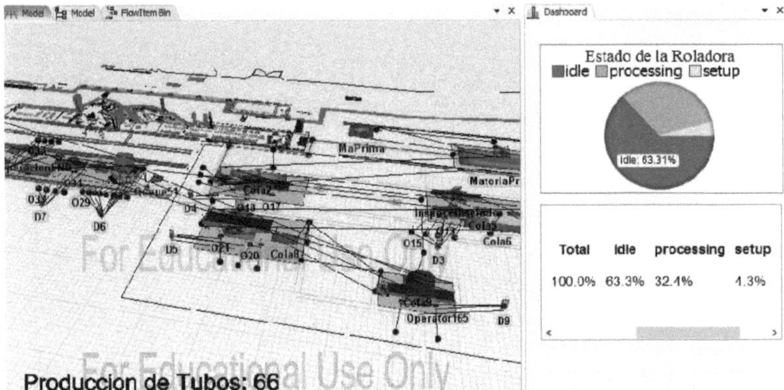

Figura 39 *Estado de la roladora "DAVI"*

En consecuencia, el tiempo ocioso de la roladora es del 63.3% y apenas el 32.4% del tiempo está trabajando. Este alto porcentaje de tiempo ocioso se debe a que los procesos posteriores al rolado, el corte, el biselado y la reparación del biselado, toman mucho tiempo tanto en preparación como en ejecución lo que hace que no se puede alimentar con más frecuencia a la roladora.

4.3.6 ANÁLISIS Y EXPERIMENTACIÓN

En esta etapa se realizan variaciones posibles en la simulación con la finalidad de detectar problemas y recomendar mejoras o soluciones. Se debe resaltar que experimentar con diferentes escenarios no es lo mismo que optimizar. La optimización se la realizará al culminar todos los pasos de la simulación.

4.3.6.1 Primer experimento

Se va a analizar qué impacto tiene sobre la producción el empleo de más obreros (Figura 40) en los procesos que demandan más tiempo en el proceso total de fabricación y armado de los tubos. Estos procesos son el biselado, reparación de biselado, armado de dos rolas, ensayo no destructivo y reparación de los tubos que no pasan la prueba de ensayo no destructivo.

Figura 40   *Primer experimento*

Se han planteado cinco escenarios distintos aumentando el número de obreros (Figura 41) en los procesos mencionados. Debe tomarse en consideración que el Escenario1 corresponde al número de obreros con los cuales actualmente trabaja la empresa. Los otros escenarios corresponden a experimentaciones para evaluar y tomar decisiones. Con esto se espera reducir el tiempo total de fabricación de los tubos.

	Variable	Escenario1	Escenario2	Escenario3	Escenario4	Escenario5
ObrerosBiselado	MODEL:/CorBisel/Biselado>variables/nrofprocessoperators	4	5	6	7	8
ObrerosRepBiselado	MODEL:/CorBisel/ReparaBisela>variables/nrofprocessoperators	2	3	4	3	4
ObrerosDosRolas	MODEL:/ArmadoRolas/ArmadoDosRolas>variables/nrofprocessoperators	4	5	6	7	8
ObrerosEND	MODEL:/ArmadoRolas/END>variables/nrofprocessoperators	2	3	4	3	4
ObrerosRepEND	MODEL:/ArmadoRolas/ReparacionEND>variables/nrofprocessoperators	2	3	4	3	4

Figura 41   *Escenarios escogidos para el primer experimento*

Se va a tomar como medida de desempeño el número de tubos embarcados. Y, para cada escenario se van a realizar 30 réplicas como se muestra en la Figura 42:

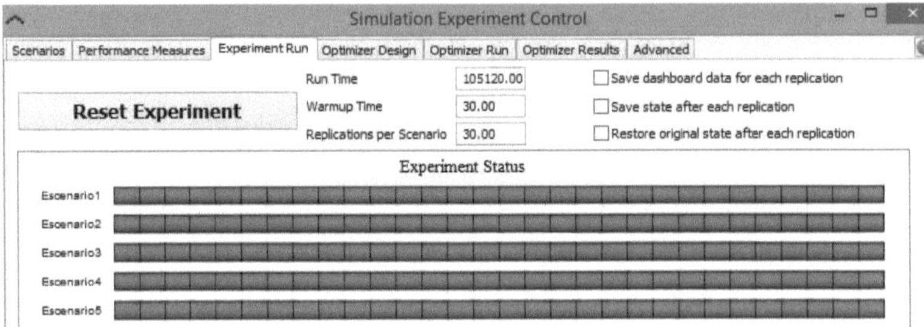

Figura 42   *Corrida de 30 réplicas por cada escenario*

Y, finalmente se observan los resultados con un nivel de confianza del 99%:

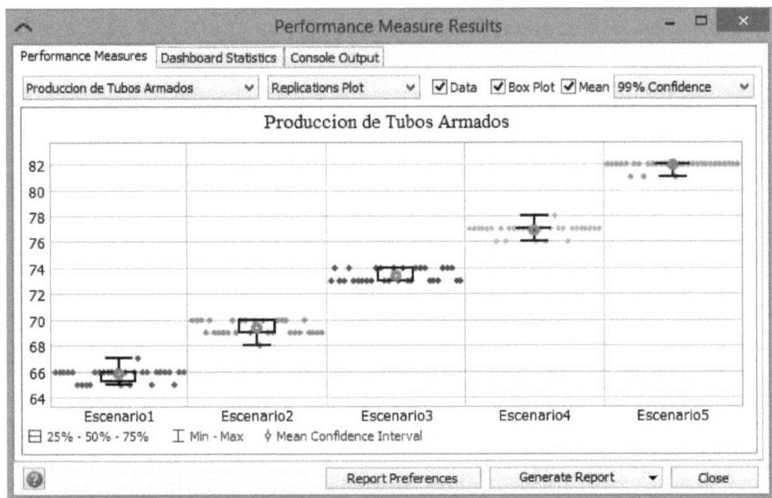

Figura 43   *Resultados de los cinco escenarios experimentados*

Por lo tanto, el mejor escenario planteado es el número 5. Es decir, con el doble de obreros trabajando en cada uno de los procesos considerados, se llegarían a fabricar hasta 82 tubos en los 219 días (105 120 minutos) de simulación. Es decir, se llegaría a fabricar el **71.3%** de la meta planteada por SEDEMI, obteniéndose una mejora del **13.91%**(16 tubos adicionales).

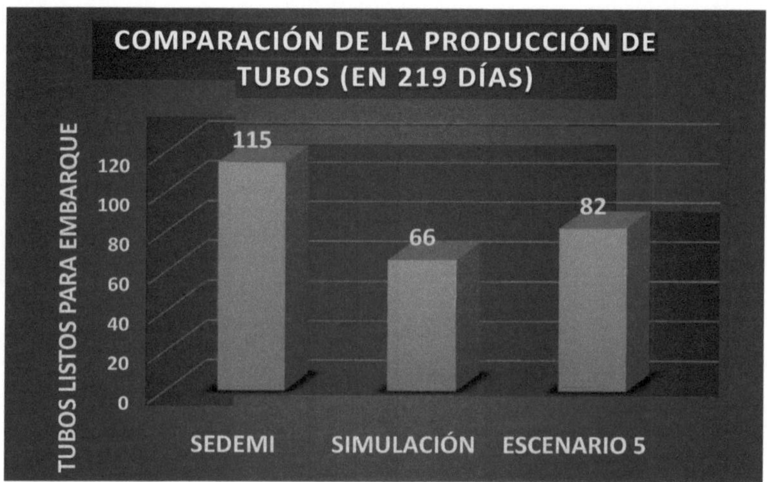

Figura 44 *Comparación de la producción entre la proyección de SEDEMI, la simulación y el mejor escenario del primer experimento*

Para que la simulación tenga el impacto que demanda la empresa, es necesario traducir los resultados a beneficios económicos y que la alta gerencia tome la decisión de implantar las acciones de mejora propuestas.

Si la empresa decidiera implementar el Escenario5 en el proceso de fabricación, es decir, si decide duplicar el número de obreros en los procesos de biselado (de 4 a 8), reparación de biselado (de 2 a 4), armado de dos rolas (de 4 a 8), ensayo no destructivo (de 2 a 4) y reparación de los tubos que no pasan la prueba de ensayo no destructivo (de 2 a 4), entonces se obtendrían los beneficios económicos mostrados en la Figura 45.

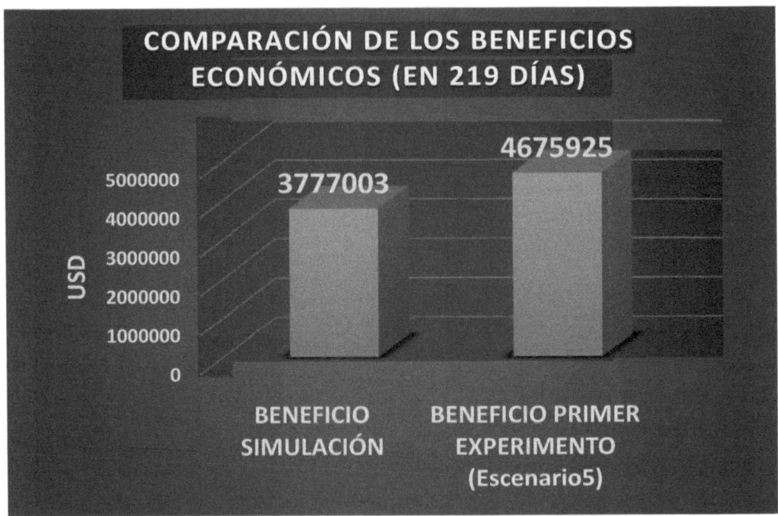

Figura 45 *Comparación de los beneficios entre la simulación y el mejor escenario*

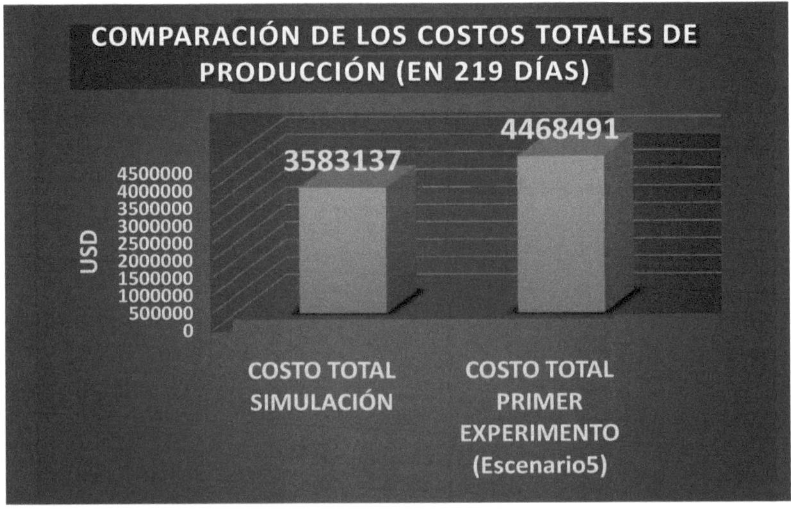

Figura 46 *Comparación de los costos totales de producción entre la simulación y el mejor escenario*

Y, a pesar que los costos de producción serían superiores a los actuales (Figura 46), la relación Beneficio/Costo (B/C), calculada con la ecuación (1), sería:

$$\frac{B}{C} = \frac{Beneficio \quad total}{Costo \ total} \tag{1}$$

$$\frac{B}{C} = \frac{4'675\,925}{4'468\,491} \tag{2}$$

$$\frac{B}{C} = 1.05 \tag{3}$$

Para que un proyecto productivo sea aceptable, la relación Beneficio/Costo debe ser mayor o igual que 1.0(Baca, 2010). En la propuesta de mejora se ha obtenido una $B/C = 1.05$, lo cual significa que por cada dólar invertido, dicho dólar será recuperado y además se obtendrá una ganancia extra de 0.05 USD al final del proyecto.

Con el mejor escenario de este primer experimento, el estado de la máquina roladora sería el mostrado en la Figura 47.

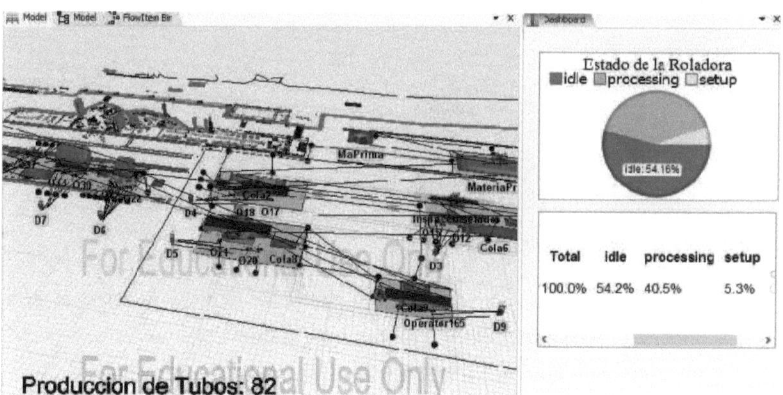

Figura 47 *Estado de la roladora con el primer experimento*

Como se aprecia en la Figura 47, el tiempo ocioso de la roladora con el Escenario5 de este experimento pasó del 63.3% al 54.2%.Es decir, si se duplica el número de operarios en los procesos de biselado, reparación de biselado, armado de dos rolas, END y reparación de tubos en caso que no pasen la prueba de END, se lograría una reducción del 9.1% en el tiempo que la máquina roladora pasa detenida.

4.3.6.2 Segundo experimento

Ahora, como un segundo experimento, se va a analizar qué impacto sobre la producción tiene el hecho de trabajar con dos zonas 6, es decir, se ha rediseñado el modelo suponiendo que se puedan tener dos procesos simultáneos de: armado de dos rolas, colocación de soportes de sujeción, EDN, reparación de los tubos que no pasen la prueba de END y pintado final (Figura 48).

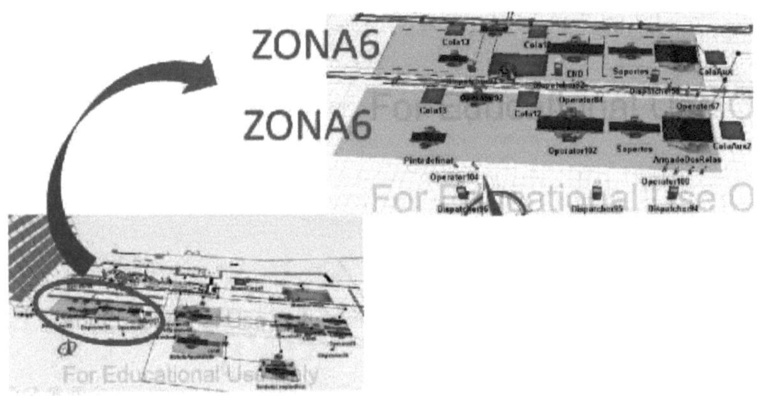

Figura 48 *Segundo experimento*

Al igual que en el caso del primer experimento, se ha tomado como medida de desempeño la producción de tubos listos para el embarque, se ha configurado el Experimenter para que realice 30 réplicas y los resultados obtenidos se observan en la Figura 49 con un nivel de confianza del 99%.

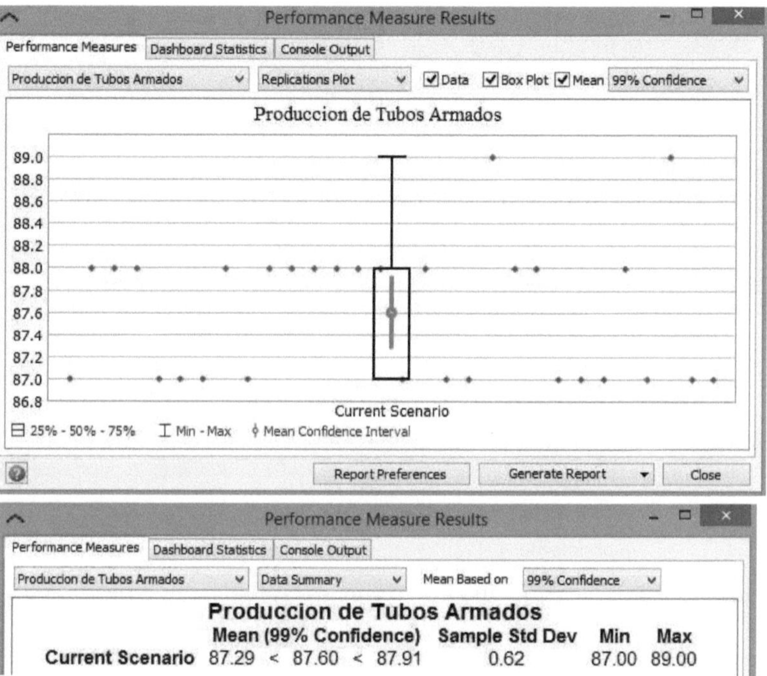

Figura 49   *Resultados del segundo experimento*

Como conclusión de este segundo Experimenter se observa que se llegarían a fabricar hasta 88 tubos en los 219 días proyectados. Es decir, se alcanzaría a fabricar el **76.52%** de la producción, obteniéndose una mejora del **19.13%** (22 tubos adicionales), como se resume en la Figura 50.

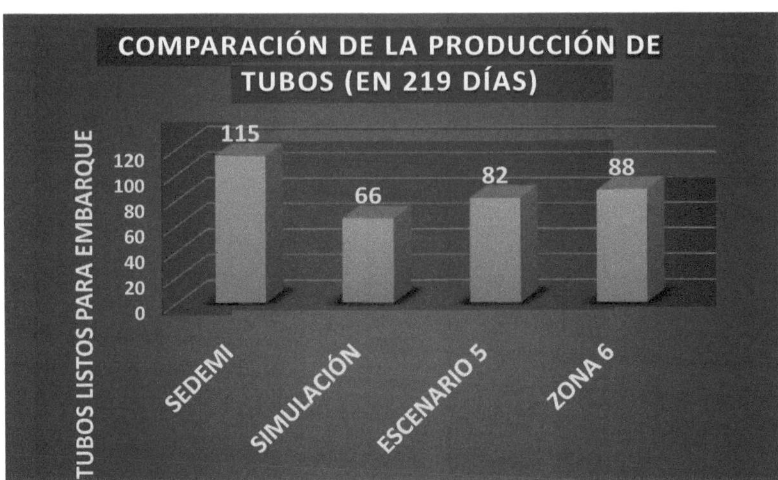

Figura 50 *Comparación de la producción entre la proyección de SEDEMI, la simulación, el mejor escenario del primer experimento y el segundo experimento*

Si la empresa decidiera implementar el segundo experimento en el proceso de fabricación, es decir, si decide duplicar la zona 6, entonces se obtendrían los beneficios económicos mostrados en la Figura 51. Y los costos totales de producción aumentarían si la empresa decide implementar esta acción de mejora (Figura 52).

Figura 51 *Comparación de los beneficios entre la simulación y el segundo experimento*

Figura 52 *Comparación de los costos totales de producción entre la simulación y el segundo experimento*

Y, al igual que el mejor escenario del primer experimento, en este segundo experimento los costos de producción serían superiores a los actuales, sin embargo, la relación Beneficio/Costo (B/C), sería:

$$\frac{B}{C} = \frac{5'021\ 985}{4'791\ 536} \tag{4}$$

$$\frac{B}{C} = 1.05 \tag{5}$$

En la segunda propuesta de mejora se ha obtenido una $B/C = 1.05$, lo cual significa que por cada dólar invertido, dicho dólar será recuperado y además se obtendrá una ganancia extra de 0.05 USD al final del proyecto.

Con este experimento, el estado de la máquina roladora sería el mostrado en la Figura 53.

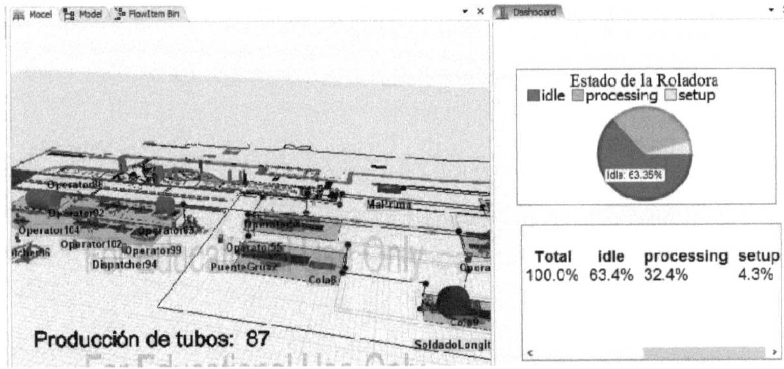

Figura 53 *Estado de la roladora con el segundo experimento*

Como era de esperar el tiempo ocioso de la roladora se mantuvo en el 63.4%. Esto se debe a que no se atacó directamente los procesos inmediatos, como son el corte, el biselado y la reparación del biselado. Entonces, con este experimento no se logra reducir el tiempo improductivo de la máquina roladora.

4.3.7 DOCUMENTACIÓN DE RESULTADOS

La documentación corresponde a todos los apartados descritos, desde el 4.3.1 hasta el 4.3.6 donde se han expuesto la formulación del problema, los supuestos del modelo, los datos utilizados, los resultados, la experimentación de escenarios y por supuesto, las alternativas de mejora (Vizán, 2014).

Corresponderá a la alta gerencia realizar, o no, un paso más de esta metodología que representa la implementación de mejoras.

4.4 OPTIMIZACIÓN DEL PROCESO SIMULADO

Se dice que se ha optimizado algo (una actividad, un método, un proceso, un sistema, etc.) cuando se han efectuado modificaciones en la fórmula usual de proceder y se han obtenido resultados que están por encima de lo regular o lo esperado. En este sentido, se ha planteado el siguiente objetivo de optimización para el modelo de simulación de fabricación de la tubería.

4.4.1 OBJETIVO DE LA OPTIMIZACIÓN

Encontrar el **número óptimo de obreros** en los procesos que más tiempo demandan para la fabricación y armado de la tubería de presión del proyecto Toachi Pilatón de SEDEMI, para que el **beneficio económico de la empresa sea máximo**.

4.4.2 FORMULACIÓN DEL PROBLEMA DE OPTIMIZACIÒN

En la actualidad no existe en el mercado ninguna herramienta que integre de modo eficiente mecanismos de evaluación (entornos de simulación) con mecanismos de búsqueda (optimización) que permitan dar respuesta a las necesidades de las industrias para poder mejorar su competitividad en tiempo y costos en un mercado sometido a constantes cambios en tipo y ritmo de producción.

4.4.2.1   Variables de decisión

- Número de obreros en el proceso de biselado
- Número de obreros en el proceso de reparación de biselado
- Número de obreros en el proceso de armado de dos rolas
- Número de obreros en el proceso de END
- Número de obreros en el proceso de reparación de los tubos que no pasen el END

En el software se deben ingresar estas variables como se muestra en la Figura 54:

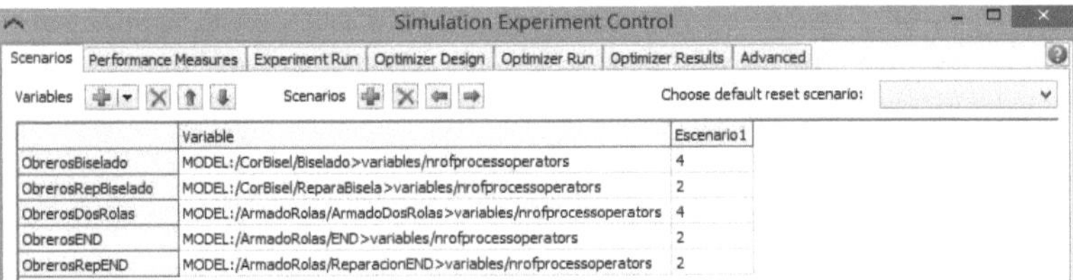

Figura 54   *Ingreso de variables de decisión.*

4.4.2.2   Retroalimentación con el simulador (feedback)

Producción de tubos armados.
Esta medida de desempeño debe ser configurada como se indica en la Figura 55.

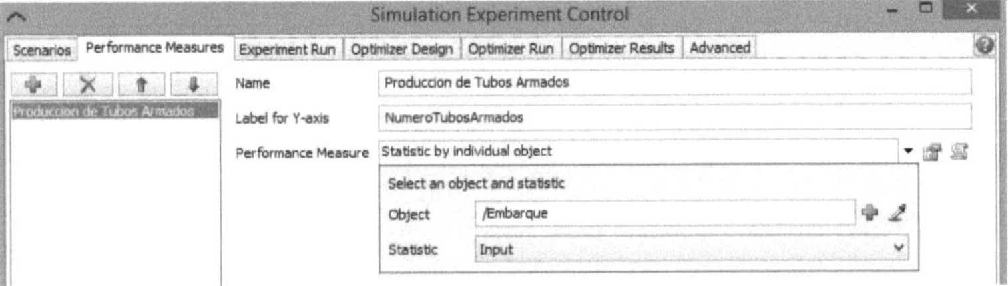

Figura 55   *Ingreso la medida de desempeño.*

4.4.2.3 Restricciones

- La producción de tubos armados debe ser menor o igual que 115.
- El número de obreros en el proceso de armado de dos rolas debe estar entre 4 y 8.
- El número de obreros en el proceso de biselado más el número de obreros en el proceso de reparación de biselado no debe exceder de 8
- El número de obreros en el proceso de END más el número de obreros en el proceso de reparación de los tubos que no pasen el END no debe exceder de 6.

Estas restricciones se las ingresa parametrizando como se aprecia en la Figura 56.

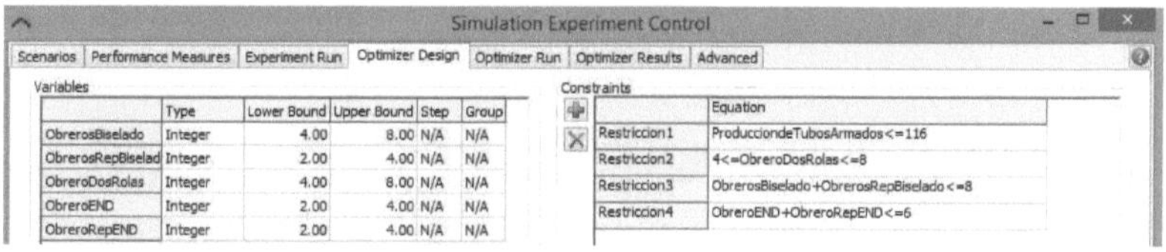

Figura 56 *Ingreso de las restricciones.*

4.4.2.4 Función objetivo

La función objetivo a optimizar es maximizar el beneficio económico:

$$B = I_i - C \tag{6}$$

$$
\begin{aligned}
B = {}&P * 7800 * 1.59 * 2 * 4.5 \\
&- P * 2 * 7800 * 1.62 * 2 - 1752 * (6.8 \\
&+ 5.44 + 7 + 500/160 * (O\ e \qquad\qquad + O \\
&+ O \qquad\qquad + Oi \qquad + O \qquad\qquad + 25))
\end{aligned}
\tag{7}
$$

La función objetivo se debe ingresar como se indica en la Figura 57.

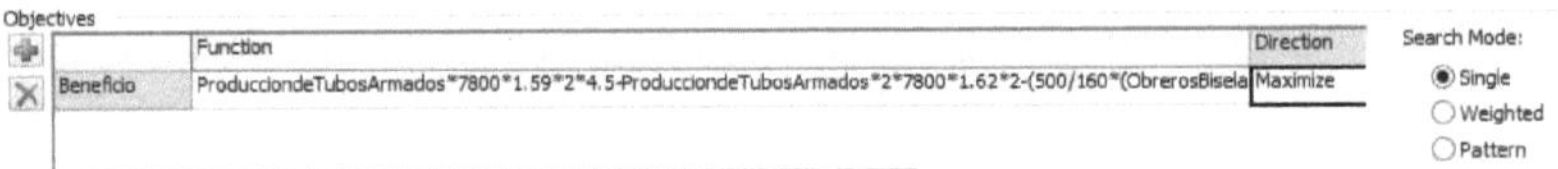

Figura 57 *Ingreso de la función objetivo.*

Una vez que se han configurado todos los parámetros, se corre la optimización y los resultados se presentan en la Figura 58.

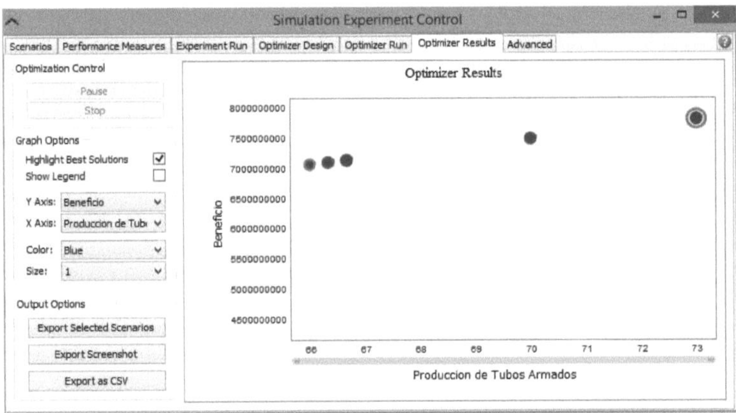

Figura 58 *Resultados de la optimización*

Luego se le pide al software que exporte la solución óptima, obteniéndose lo que presenta la Figura 59.

Variable		Escenario 1	Optimizado
ObrerosBiselado	MODEL:/CorBisel/Biselado>variables/nrofprocessoperators	4	6.00
ObrerosRepBiselado	MODEL:/CorBisel/ReparaBisela>variables/nrofprocessoperators	2	2.00
ObrerosDosRolas	MODEL:/ArmadoRolas/ArmadoDosRolas>variables/nrofprocessoperators	4	6.00
ObrerosEND	MODEL:/ArmadoRolas/END>variables/nrofprocessoperators	2	3.00
ObrerosRepEND	MODEL:/ArmadoRolas/ReparacionEND>variables/nrofprocessoperators	2	3.00

Figura 59 *Número de obreros óptimo que maximizan el beneficio*

Por consiguiente, el número óptimo de obreros que el modelo sugiere para obtener el máximo beneficio es:

- Obreros en el proceso de biselado = 6

- Obreros en el proceso de reparación de biselado = 2

- Obreros en el proceso de armado de dos rolas = 6

- Obreros en el proceso de END = 3

- Obreros en el proceso de reparación de los tubos que no pasen el END = 3

Con este número óptimo de obreros la producción sería de 73 tubos en los 219 días proyectados (Figura 60). Es decir, se alcanzaría a fabricar **63.48%**de los tubos, obteniéndose una mejora en la producción del **6.09%** (7 tubos adicionales). Trabajando con este número de operarios, se obtendría el mayor beneficio económico (Figura 61).De igual forma, los costos adicionales que acarrearían el aumento de más obreros en el proceso actual se ilustran en la Figura 62.

Figura 60 *Resultados del modelo optimizado*

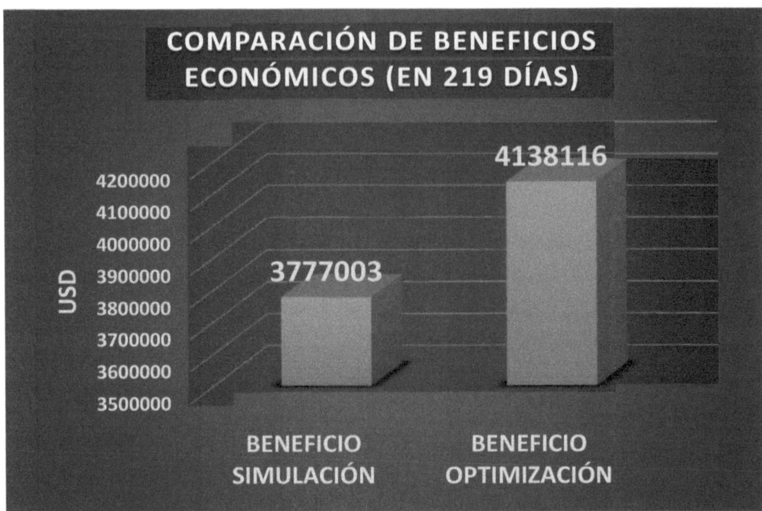

Figura 61 *Comparación de los beneficios entre la simulación y la optimización*

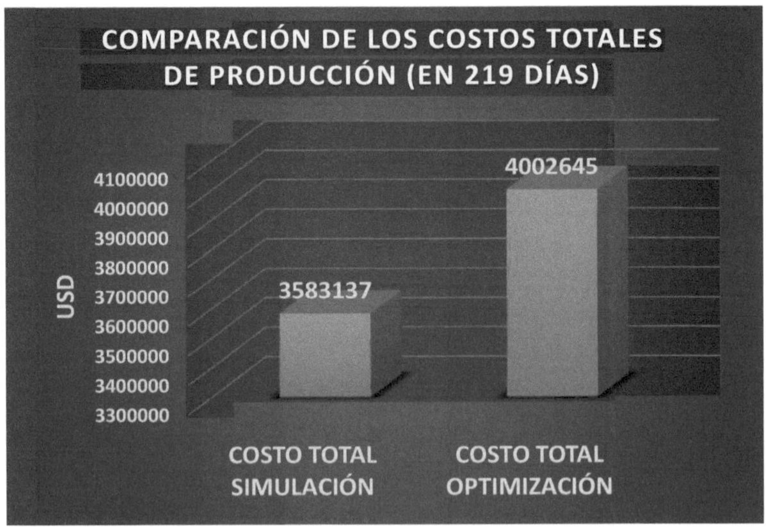

Figura 62 *Comparación de los costos entre la simulación y la optimización*

Al optimizar el modelo, los costos de producción serían superiores a los actuales, sin embargo, la relación Beneficio/Costo (B/C), sería:

$$\frac{B}{C} = \frac{4´138\,116}{4´002\,645} \tag{8}$$

$$\frac{B}{C} = 1.03 \tag{9}$$

Por consiguiente, una relación $B/C = 1.03$, quiere decir que si se optimiza el proceso de producción aumentando el número de obreros, por cada dólar invertido, dicho dólar será recuperado y además se obtendrá una ganancia extra de 0.03 USD al final del proyecto.

Si los dirigentes de SEDEMI deciden implementar el modelo optimizado, el estado de la máquina roladora sería el ilustrado en la Figura 63.

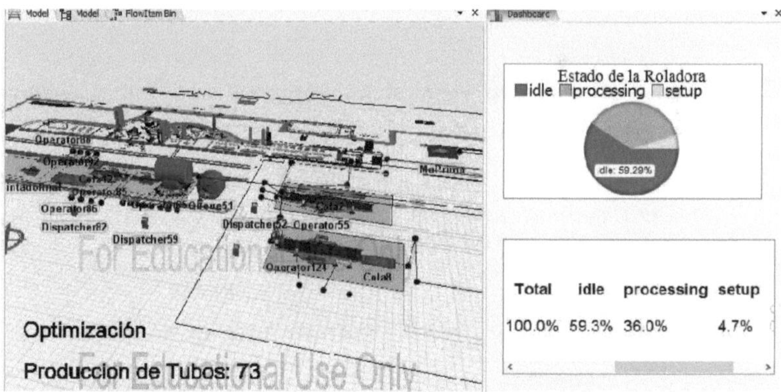

Figura 63 *Estado de la máquina roladora con la optimización*

El tiempo ocioso de la roladora con la optimización propuesta pasó del 63.3% al 59.3%. Es decir, se lograría una reducción del 4.0% en el tiempo que la máquina roladora pasa detenida.

CAPÍTULO 5

APLICACIÓN DEL SOFTWARE PARA UN PROCESO INDUSTRIAL EN LAS ÁREAS DE FABRICACIÓN Y MONTAJE DE EMPRESAS PARA PROCESO HÍBRIDO

En este capítulo se exponen las características de la empresa seleccionada para realizar el proceso de simulación. Se detalla una descripción del proceso de fabricación escogido. Se aplican los pasos de la metodología de la simulación usando el software y finalmente se realiza una optimización del modelo.

Para el presente capítulo se procede al proceso de simulación de un proceso híbrido, es decir, de un proceso que dispone de una parte concerniente al campo de fluidos y otra que se relaciona con la parte discreta.

5.1 CARACTERÍSTICAS GENERALES DE LA EMPRESA

Para el caso de un sistema híbrido se ha escogido el estudio de una fábrica de pinturas, cuya principal información se sintetiza en la Tabla 12.

Tabla 12 *Características de la empresa de pinturas*

NOMBRE DE LA EMPRESA:	PRODUTEKN
LUGAR:	QUITO - PICHINCHA
PRODUCTO:	PINTURAS EN AGUA Y ESMALTE

Con la inauguración de la nueva fábrica de PRODUTEKN en el Parque Industrial de Guamaní en el sur de Quito, la empresa, consigue un nuevo logro una notable mejora de sus instalaciones y de sus procesos de producción.

La nueva planta de PRODUTEKN está dedicada a la producción de pinturas arquitectónicas, metalmecánicas, línea automotriz, y la línea de productos complementarios, en un área de 3 000 metros cuadrados.

PRODUTEKN, cuenta en la actualidad con un equipo de 21 colaboradores, capacitados y comprometidos con la filosofía y la calidad de la empresa.

En el nuevo centro industrial, se dispone de moderna tecnología, tanto en el campo de:

- Investigación y Desarrollo, en donde cuenta con un laboratorio en el que ha incorporado equipos para el diseño y control de calidad.

- Fabricación, dispone de una línea de producción con equipos modernos como son envasadoras automáticas, empacadora al calor, etc.

Especial atención se ha puesto en el servicio post venta con la consolidación del CENTRO DE CAPACITACION, FORMACION Y ASESORÍA TECNICA.

5.2 PRODUCCIÓN DE PINTURAS

La pintura es uno de los materiales indispensables en la industria de la construcción y manufacturera, se utiliza para lograr preservar de los ataques comunes por el clima, mejorar la apariencia y textura de los diferentes acabados arquitectónicos, estructura metálicas o cualquier superficie a la que se quiera lograr su apariencia.

La industria de recubrimiento de superficies elabora una amplia gama de productos, entre los que destacan las pinturas al agua, barnices, lacas y esmaltes. Las pinturas con color para la industria de la construcción hacen que las obras de arquitectura tanto en el exterior como en el interior, provoquen que una construcción cambie de aspecto con el simple hecho de aplicar pintura para cambiar el tono de la luz ya sea natural o artificial, con tonos cálidos o fríos. Las pinturas son productos destinados a cubrir las superficies con vistas a su protección y decoración.

Las pinturas son mezclas líquidas, generalmente coloreadas, que, aplicadas por extensión, pulverización o inmersión, forman una capa o película opaca en la superficie de los materiales de construcción, a los cuales protege y decora. Normalmente suelen tener un acabado brillante, satinado o mate.

Tabla 13 *Componentes usados en la elaboración de las pinturas*

Componente	Descripción
Pigmentos	Son cuerpos sólidos, finamente pulverizados (90 o 100% de las partículas debe ser inferior a 10 µ), insolubles por sí solos en el medio liquido de la pintura (aglutinante o vehículo), sirven para darle color y opacidad a la pintura. De la elección y de la cantidad empleada en la fórmula, dependen dos propiedades muy importantes en las pinturas: su poder cubriente y su resistencia a la luz del sol. Entre sus funciones se destacan, suministrar color, proteger la película de los rayos ultravioleta, dar resistencia a la película y proporcionar una apariencia estética, contribuir a las propiedades anticorrosivas del producto y darle estabilidad frente a diferentes condiciones ambientales y agentes químicos. Además, deben poseer las siguientes propiedades: opacidad y buen poder de recubrimiento, humectabilidad por aceite, ser químicamente inertes, permanencia o resistencia a la luz, ser de baja o nula toxicidad, tener un costo razonable,
Cargas	Son productos en polvo, normalmente procedentes de la molturación de rocas naturales, que no dan por si mismas color ni opacidad, pero que contribuyen a darle cuerpo a la pintura, además de contribuir sustancialmente a conseguir otras características. Son materiales que cumplen las siguientes funciones: extender el pigmento, contribuir con efecto de relleno, disminuir el costo del pigmento, aumentar su resistencia mecánica, mejorar su consistencia, nivelación y depósito. Entre estos materiales se encuentran sustancia de origen mineral: calcita o carbonato de calcio, baritas, tizas, caolines, sílice, micas, talco, etc., y de origen sintético: creta, caolines tratados y sulfato de bario precipitado.
Aglutinantes	El aglutinante o vehículo fijo o ligante son sustancias de naturaleza orgánica (resina o polímero) que llevan en suspensión los pigmentos y, que una vez secos, mantienen unidas las partículas de color entre sí y con la superficie sobre la que se aplica la pintura, impidiendo que se desprenda. Se pueden utilizar en forma sólida, disueltos o dispersos en solventes orgánicos volátiles, en solución acuosa o emulsionados en agua. Estas sustancias comprenden el almidón, los aceites secantes, resinas naturales y resinas sintéticas. Estas últimas son las más utilizadas de las cuales se tienen: las resinas alquídicas, acrílicas, fenólicas, vinílicas, epóxicas, de caucho clorado, de nitrocelulosa, de acetato de polivinilo, de poliuretano y de silicona. De todas estas la primera es la más utilizada. También se utilizan resinas de brea de hulla o de petróleo. Existen pinturas mixtas con varias resinas o con mezclas de resinas y aceites secantes De acuerdo a la resina empleada, las pinturas pueden ser: acrílicas, vinílicas, vinil acrílicas, de cloro, caucho, de poliuretano, etc.
Solventes	Los solventes o vehículos volátiles son sustancias liquidas que dan a las pinturas el estado de fluidez necesario para su aplicación, evaporándose una vez aplicada la pintura. Tienen como única misión mantener la pintura en estado líquido durante su fabricación, almacenaje, transporte y aplicación. Son importantes en cualquiera de estas fases, pero especialmente durante la aplicación, pues son imprescindibles para que la pintura sea suficientemente líquida y penetre en los poros de las superficies para que se adapte a la forma y contorno de los objetos a pintar. Son también importantes para poner en su punto óptimo la viscosidad de las pinturas de

	acuerdo con el método y las circunstancias atmosféricas del momento de la aplicación.
Aditivos menores	Son sustancias añadidas en pequeñas dosis que oscilan entre el 0.001% y el 5% para desempeñar funciones específicas, que no cumplen los ingredientes principales. Entre los más utilizados se encuentran: espesantes, dispersantes, antiespumante, coagulantes, preservantes.

Las pinturas están constituidas por un pigmento sólido y el aglutinante o vehículo líquido, formando ambos una dispersión. Generalmente los materiales o componentes utilizados en la elaboración de pinturas pueden agruparse en CINCO categorías, como se ha descrito en la Tabla 13.

5.3 DIAGRAMA DE FLUJO DE LA PRODUCCIÓN DE PINTURAS

En la Figura 64 se presenta el diagrama de flujo del proceso de pinturas en la fábrica PRODUTEKN.

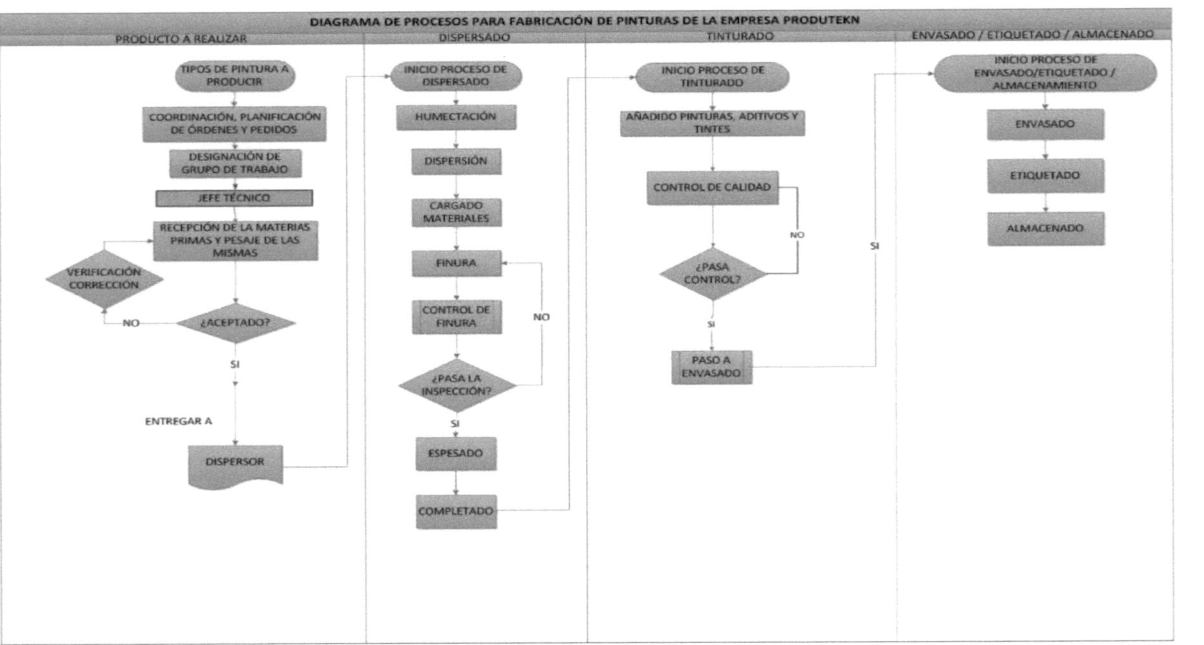

Figura 64 *Diagrama de la producción de pinturas en PRODUTEKN*

5.4 APLICACIÓN DE LA METODOLOGÍA DE SIMULACIÓN

Se llevarán a cabo los pasos que todo proyecto de simulación, descritos en el Capítulo 3, debe tener.

5.4.1 FORMULACIÓN DEL PROBLEMA

La medida de desempeño que se va a analizar es el beneficio de la fabricación de un lote de pinturas tanto de agua como de esmalte en un periodo establecido de cuatro horas de trabajo.

El modelo a simular será la fabricación, envasaje y almacenaje de pinturas tipo agua y esmalte para un ciclo de producción que corresponde a cuatro horas de labor.

Las actividades afines en el proceso de fabricación para las pinturas siguen el proceso sintetizado en la Tabla 14:

Tabla 14 *Descripción del proceso de fabricación de las pinturas*

Proceso	Descripción
Almacenamiento y pesaje de materia prima	Esta actividad se realiza con los materiales que formarán parte de las pinturas: resina, pigmentos, aditivos y solventes. El pesado se realiza de forma separada para químicos y tintes y otro para carbonatos y pigmentos
Proceso de dispersión: I etapa	En este proceso se procede a dispersar , inicialmente agua con aditivos, constituyéndose en una fase de humectación
Proceso de dispersión: II etapa	Carga y mezcla de pigmentos con la dispersión de agua y aditivos del paso anterior.
Proceso de dispersión : III etapa	Espesamiento, por medio de control de viscosidad de la mezcla generada
Completado	e añade agua y resina a la mezcla anterior y se procede a cuadrar la viscosidad del compuesto.
Tinturación	Se añade a la mezcla finalmente pigmentos, aditivos y tintes dependiendo del tipo de pintura que se desee producir
Control de calidad de producto	El control de calidad se realiza especialmente en la parte de dispersión, para control de la finura de las partículas que van a la mezcla, además de control en cubrimiento, color, densidad, pH y secamiento.
Envasado y etiquetado	Es un proceso casi manual realizado por operarios que etiquetan envases estándar de pinturas de 1 galón.
Bodega	Una vez llenado los envases se procede a su almacenaje en racks dentro de la fábrica.

5.4.2 RECOLECCIÓN DE DATOS

La recolección de datos reales de la fabricación de pinturas se la realizó con la colaboración del Ingeniero director de mantenimiento de la empresa, con quién se recorrió por cada área de fabricación a fin de recolectarla información y especificaciones necesarias para el modelo de simulación.

Para esta recolección de datos es de suma utilidad conocer en forma adecuada cada parte de la empresa donde se producen los respectivos procesos de producción, por lo que el layout de la empresa (Figura 65) es de suma importancia.

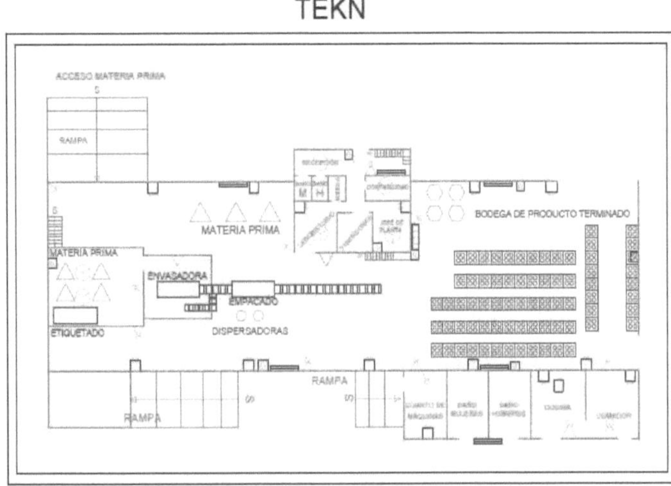

Figura 65 *Layout de la empresa PRODUTEKN*

La Tabla 15 resume el número de obreros que intervienen en cada proceso:

Tabla 15 *Operarios en la fábrica de pinturas*

Proceso	Número de operarios
Pesaje	2
Dispersión	1
Etiquetado	1
Envasado	2
Almacenaje	1

Adicionalmente la simulación de este proceso se va a realizar sobre dos productos estrella de esta empresa, los cuales son:

Producto: *ACUARELA*

Porcentajes:

Agua:	30%
Aditivos:	5%
Pigmentos:	35%
Resina (agua):	30%

Producto: *COLOSO*

Porcentajes:

Mineral (solvente):	10%
Resina alquílica:	50%
Aditivo:	5%
Pigmentos:	45%

Además se dispone de las capacidades de los dispersores y mezcladoras:

DISPERSADOR 1 Y 2:   450 galones

MEZCLADORAS: 600 galones

Para el almacenaje se usa un operario que trabaja mediante un montacargas con una velocidad promedio de 1.5 a 3 km/hora.

Para la recolección de datos de tiempo se toman en cuenta las mediciones históricas de la empresa en los siguientes procesos:

PROCESO:
PESAJE:
ADITIVOS Y PIGMENTOS:
DATOS (EN SEGUNDOS):
NÚMERO DE TOMAS: 25
30 31 32 30 30 30 31 30 31 30 32 31 30 31 30 30 30 30 31 32 31 30 30 32 31

PROCESO:
PESAJE:
SOLVENTES
DATOS (EN SEGUNDOS):
NÚMERO DE TOMAS: 25
33 34 33 33 33 34 35 32 33 33 34 33 33 32 34 34 33 33 32 32 33 33 34 34 33

PROCESO:
ETIQUETADO
DATOS (EN SEGUNDOS)
NÚMERO DE TOMAS: 25
 35 35 35 33 34 35 33 32 34 33 34 35 33 32 33 34 34 34 34 34 34 33 34 33 32

PROCESO:
ENVASADO:
DATOS (EN SEGUNDOS)
NÚMERO DE TOMAS: 25

24 24 23 24 23 24 23 24 23 22 23 24 23 24 23 22 23 24 24 23 24 23 23 22 23

En cuanto tiene que ver con los tiempos de entrada en las fuentes se toma una distribución normal con un tiempo medio de 50 segundos.

Los datos de las tomas históricas deben ser procesados para poder incluirlos en la simulación del respectivo proceso, razón por la cual se usa una herramienta adicional del software, que ayuda, en base a estos datos, a generar una distribución estadística que esté de acuerdo con los mismos. Esto se ha realizado y los resultados del para cada proceso son:

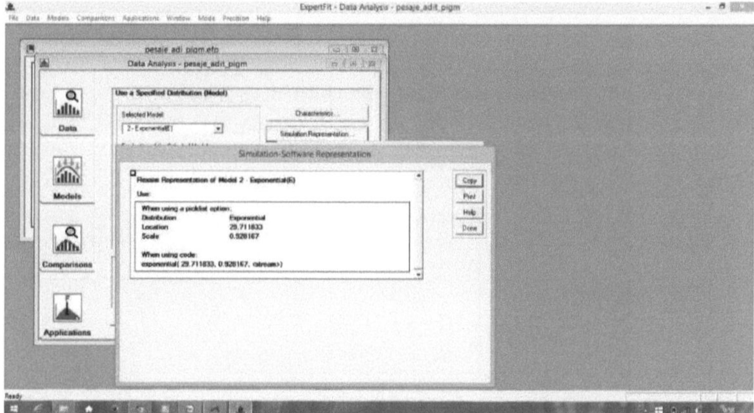

Figura 66 *Distribución estadística para el tiempo de proceso pesaje aditivos y pigmentos*

Nota. Función de distribución de probabilidad: exponential(29.71, 0.92)

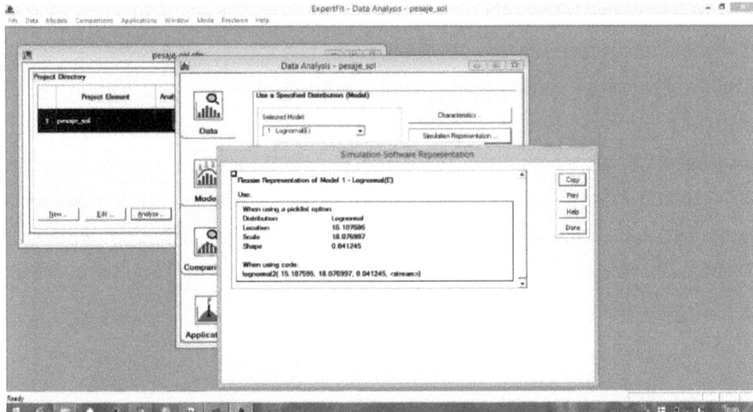

Figura 67 *Distribución estadística para el tiempo de proceso pesaje solventes*
Nota. Función de distribución de probabilidad: lognormal2(15.1, 18.07,0.04)

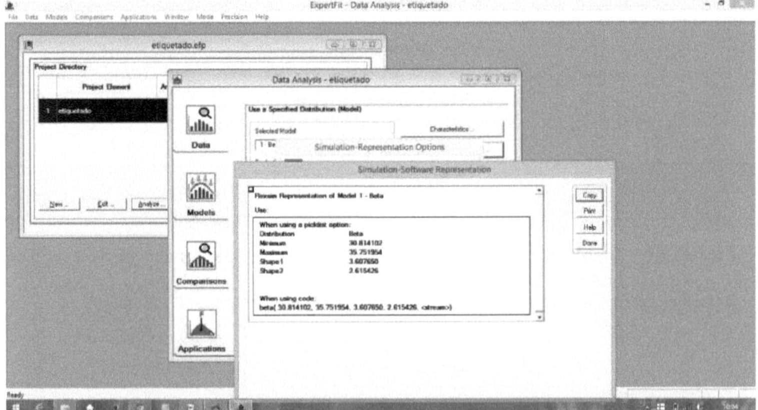

Figura 68 *Distribución estadística para el tiempo de proceso etiquetado*
Nota. Función de distribución de probabilidad: beta(30.81, 35.75, 3.6, 2.61)

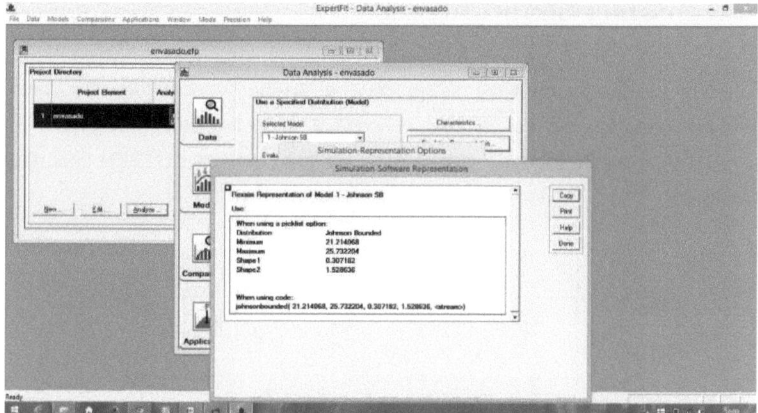

Figura 69 *Distribución estadística para el tiempo de proceso envasado*
Nota. Función de distribución de probabilidad: johnsonbounded(21.21, 25.73, 0.3, 1.52)

5.4.3 DISEÑO CONCEPTUAL DEL MODELO

Se va a realizar una especificación del modelo a partir de las características de los elementos del sistema que se quiere estudiar y sus interacciones teniendo en cuenta la formulación del problema (Figura 70).

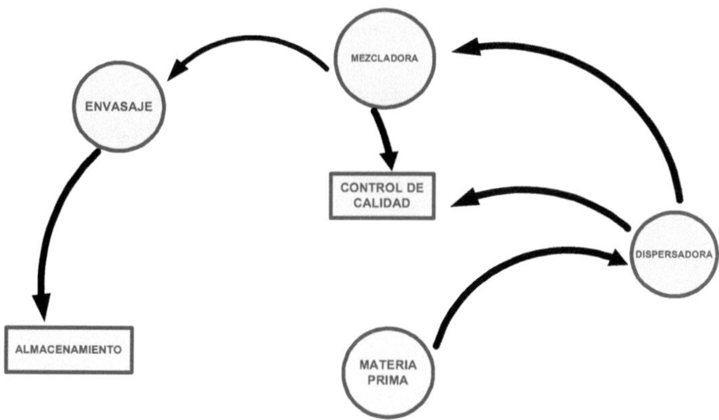

Figura 70 *Diseño esquemático del proceso de fabricación de las pinturas*

5.4.4 CONSTRUCCIÓN DEL MODELO

Con la ayuda del software se procede a diseñar y construir el modelo de simulación partiendo del modelo conceptual y de los datos recogidos. En la siguiente figura se muestra el layout de la planta de PRODUTEKN importado al software.

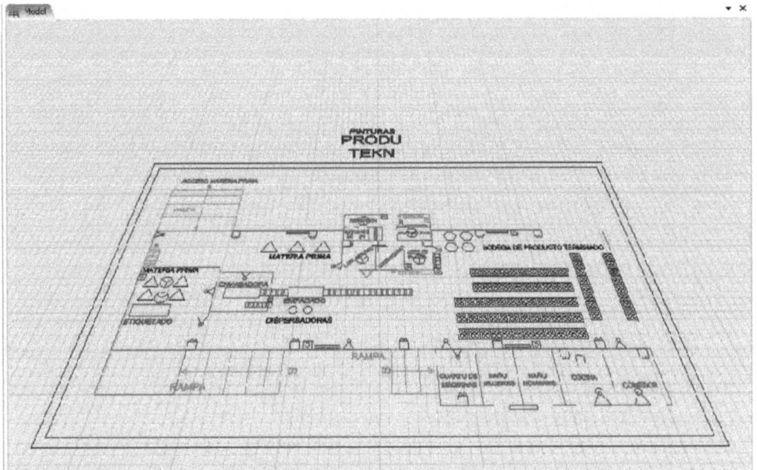

Figura 71 *Layout de la empresa importado por el software*

Sobre este layout se irá construyendo el modelo con todas las parametrizaciones correspondientes de acuerdo a los datos recogidos, las funciones de probabilidad y los planos de la fábrica.

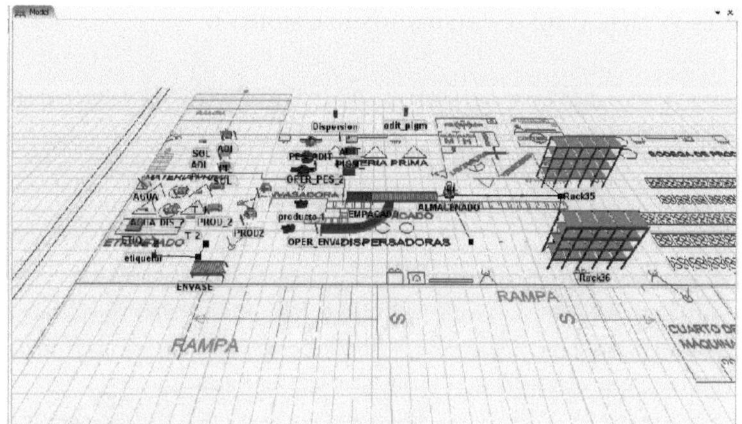

Figura 72 *Diseño del modelo en el software.*

Las conexiones del modelo se aprecian en la Figura 73.

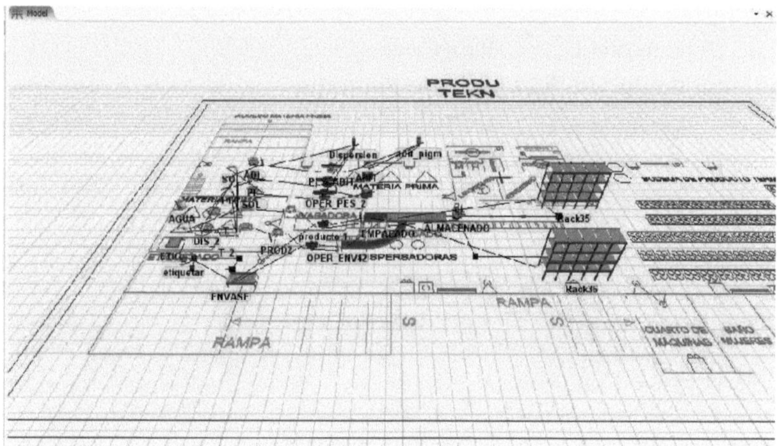

Figura 73 *Conexiones del modelo en el software.*

5.4.5 VERIFICACIÓN Y VALIDACIÓN DEL MODELO

Se procede a analizar si el modelo se comporta de acuerdo a los datos recogidos y a la realidad de la fábrica.

5.4.5.1 Análisis y experimentación

En esta etapa se verifica que existe la correspondencia adecuada entre el sistema real y el modelo. Con la ayuda del Experimenter, una herramienta incorporada en el software, se corre varias veces el modelo porque las variables involucradas son aleatorias y de esta manera se obtiene confiabilidad estadística.

Se ha tomado para el Experimenter el máximo contenido en las dispersadoras de los dos productos con 5 escenarios diferentes

Dispersadora 1:

Escenario 1:	100 galones
Escenario 2:	200 galones
Escenario 3:	300 galones
Escenario 4:	400 galones
Escenario 5:	500 galones

Los resultados y corridas del Experimenter son:

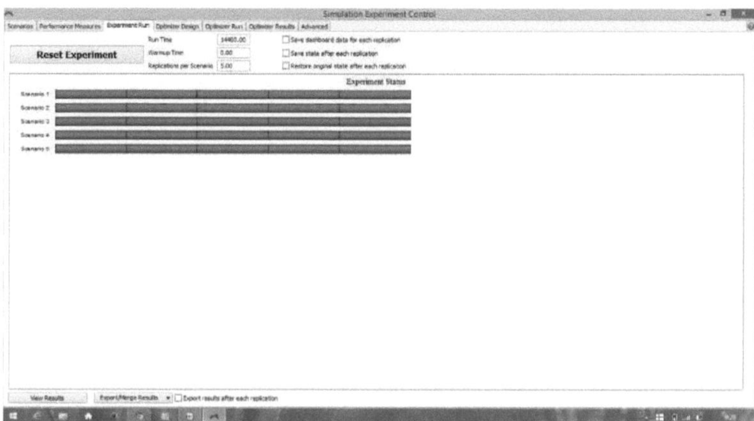

Figura 74   *Escenarios y corridas de la Dispersadora 1*

Una vez que se ha mandado a correr el Experimenter se obtienen los siguientes resultados que se muestran en las Figuras 75 y 76:

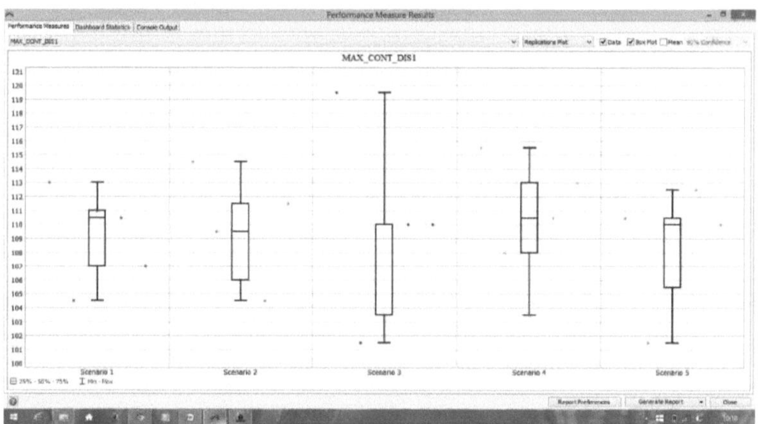

Figura 75 *Resultados de escenarios de la Dispersadora 1*

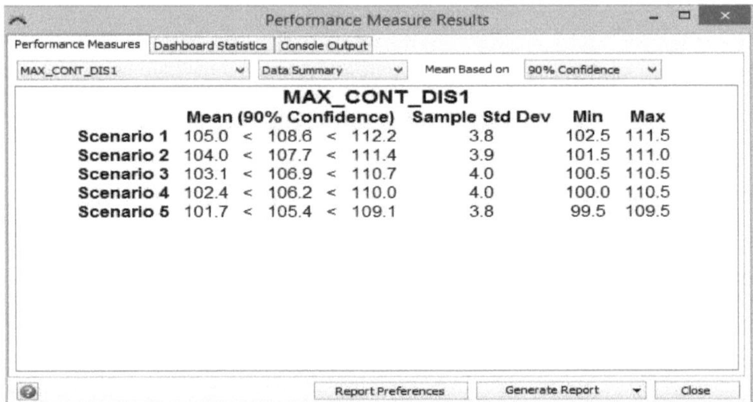

Figura 76 *Intervalos de confianza del Experimenter de la Dispersadora 1*

Dispersadora 2:

Escenario 1:	100 galones
Escenario 2:	200 galones
Escenario 3:	300 galones
Escenario 4:	400 galones
Escenario 5:	500 galones

Los resultados y corridas del Experimenter son:

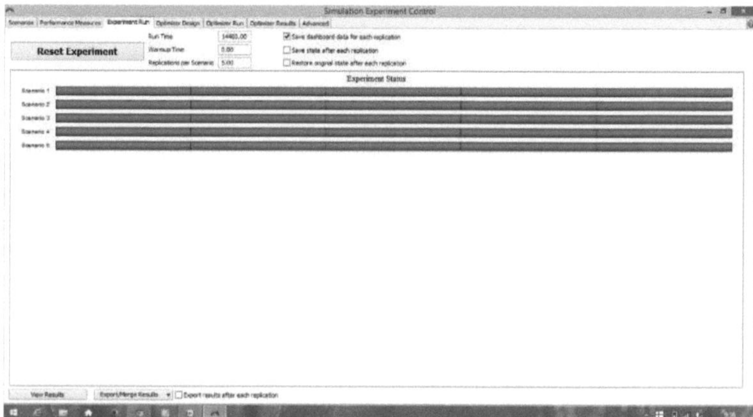

Figura 77 *Escenarios y corridas de la Dispersadora 2*

Una vez que se ha mandado a correr el experimenter se obtienen los siguientes resultados (Figuras 78 y 79):

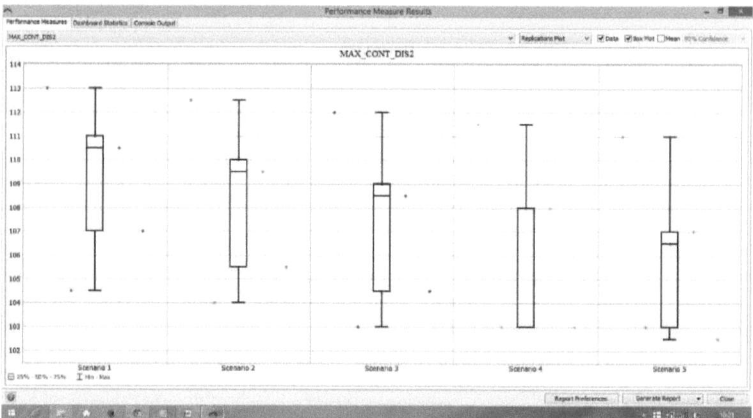

Figura 78 *Resultados de escenarios de la Dispersadora 2*

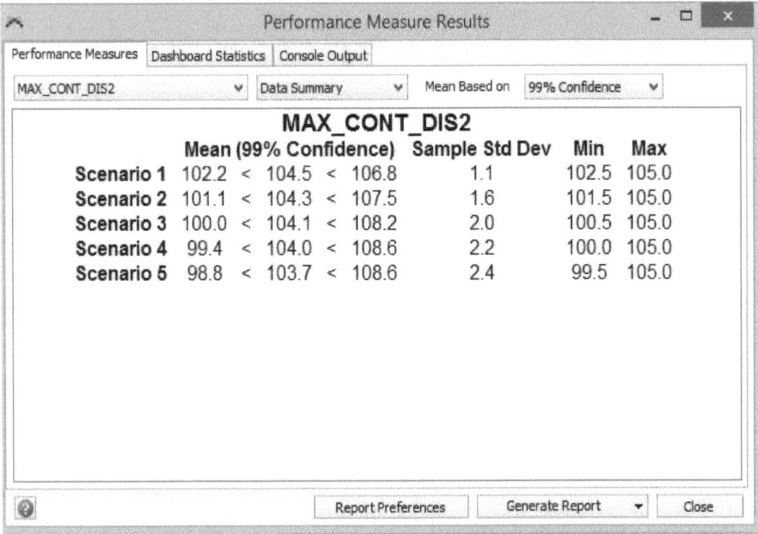

Figura 79 *Intervalos de confianza del Experimenter de la Dispersadora 2*

5.4.5.2 Análisis de resultados

De acuerdo a los resultados obtenidos, y trabajando con un intervalo de confianza de los datos de salida del 99%, se puede observar que la salida de los productos de los dispersadores es de un promedio de 100 galones, pero el escenario 5 sería el más deseable debido a su mayor rango de salida que se encuentran dentro del dominio esperado por la fábrica.

El Experimenter tiene la gran ventaja de poder experimentar con cualquier tipo de escenario posible y además con cualquier tipo de variable en cualquier etapa del proceso con el objetivo de observar cómo trabaja la variable.

5.5 OPTIMIZACIÓN DEL MODELO SIMULADO

Es importante recordar que experimentar no es optimizar. Con la experimentación se lograron identificar algunos escenarios, pero el objetivo que persigue la fábrica es determinar ciertos parámetros que le permitan obtener el mayor beneficio económico.

5.5.1 OBJETIVO DE LA OPTIMIZACIÓN

Encontrar la mejor configuración del proceso de fabricación de pinturas que optimice el beneficio tomando en cuenta varias restricciones como pueden ser: número de maquinarias, número de operarios, espacio disponible, costo de operación, entre otros.

5.5.2 DESARROLLO DEL PROCESO DE OPTIMIZACIÓN

Con ayuda de la herramienta optimizadora y un análisis de costos de la fábrica, se procede a realizar el proceso de optimización. Para el proceso se van a necesitar 3 condiciones indispensables para ejecutar el optimizador:

5.5.2.1 Variables de decisión

Las variables de decisión serán consideradas de acuerdo a los procesos, operarios o parámetros que intervienen de forma directa en la producción de las pinturas, para el presente caso de estudio se van a considerar las variables de restricción a las dos dispersadoras y a las dos mezcladoras que son aquellas donde se realiza prácticamente el proceso industrial.

Variable 1:   Dispersadora 1
Variable 2:   Dispersadora 2
Variable 3:   Mezcladora 1

Variable 4:   Mezcladora 2

Estas variables se ingresarán en el optimizador como variables continuas y se referirán al máximo contenido de cada una de ellas

Adicionalmente se incluyen dos variables adicionales que serán tomadas como medidas de rendimiento y generalmente son aquellas que se refieren a la producción final tanto del producto 1 como del producto 2.

Medida de rendimiento 1: Producto 1
Medida de rendimiento 2: Producto 2

De la misma forma estas variables también son ingresadas al optimizador en la correspondiente pestaña de performance measures.

5.5.2.2 Restricciones

Las restricciones son dadas por diferentes criterios como pueden ser: espacio disponible, número de operarios, tiempo de producción, etc. Para el presente estudio se ha decidido en forma personal y de acuerdo al espacio disponible en la planta de procesamiento que justamente las restricciones se den de acuerdo al número máximo de dispersadoras y mezcladoras que podrán estar presentes en el proceso. En tal virtud, entonces las restricciones serán:

Producto 1:
Dispersadora (variable 1) + Mezcladora (variable 3) no pueden ser mayores a 3

Producto 2:
Dispersadora (variable 2) + Mezcladora (variable 4) no pueden ser mayores a 3

5.5.2.3 Función objetivo

La función objetivo será generada de acuerdo a lo que se desee optimizar, que para este caso, podrá ser el mínimo en costos o el máximo en beneficios, por lo que de acuerdo a los objetivos que persigue la empresa, se ha escogido la optimización del máximo beneficio posible que se podrá obtener en los productos fabricados.

Para la función beneficio se toman en cuenta múltiples factores para la generación de la misma como son: valor de las máquinas, depreciación de las mismas, costo hora de los operarios, costo de combustibles, energías, entre otros. De acuerdo a esto se genera entonces la función objetivo de acuerdo a un estudio que se ha realizado tomando como datos de partida aquella información que fue entregada por la empresa y la que no se facilitó en base a la información del mercado afín obtenida, se procedió a realizar algunos cálculos para obtener la función objetivo:

Generación de la función objetivo:

Costos de las máquinas:

Dispersadora: US$ 8.000

Mezcladora: US$ 12.000

Costo operario por hora: 2,18 US$/hora

Depreciación maquinaria:

Dispersadora: 39,5 US$/hora

Mezcladora: 39,6 US$/hora

Costo energía: 3,95 US$/hora

Total costos: Sumatorio de costos parciales por hora
                       46 US$ / hora

Los datos de operarios y costos de energía por hora son obtenidos de plantillas de la empresa, mientras que los costos de máquinas y depreciaciones son valores aproximados obtenidos del mercado.

Los ingresos están basados exclusivamente en el costo de venta de los productos, que para el caso de esta industria es:

Precio de venta por unidad de producto:
Producto 1: US$ 8
Producto 2: US$ 20

Entonces la función objetivo quedará definida por:

$$FO = (8 \cdot P\quad 1 + 20 \cdot P \quad 2) - (46 \cdot (Si\quad))$$

Esta función objetivo es ingresada al optimizador y se maximiza los beneficios.

Una vez ingresados los datos al optimizador se procede con la corrida del programa y se muestran las diferentes pantallas de los datos de ingreso y resultados obtenidos.

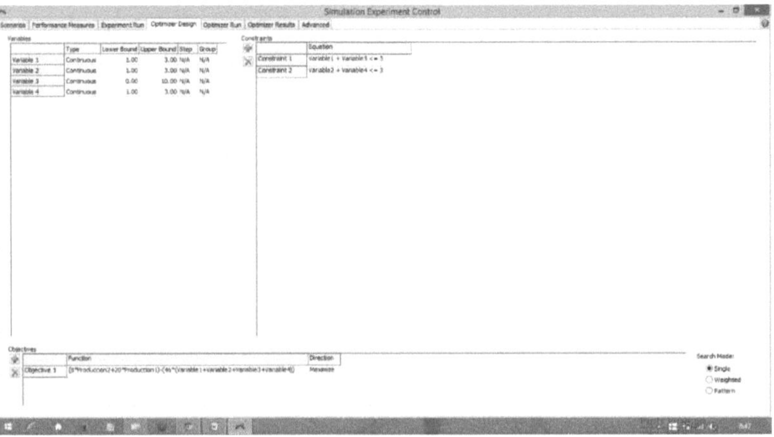

Figura 80 *Datos de entrada para variables, restricciones y función objetivo.*

Según se observa en la Figura 81, el modelo de optimización converge rápidamente luego del inicio del mismo, con la presencia de 8 soluciones posibles.

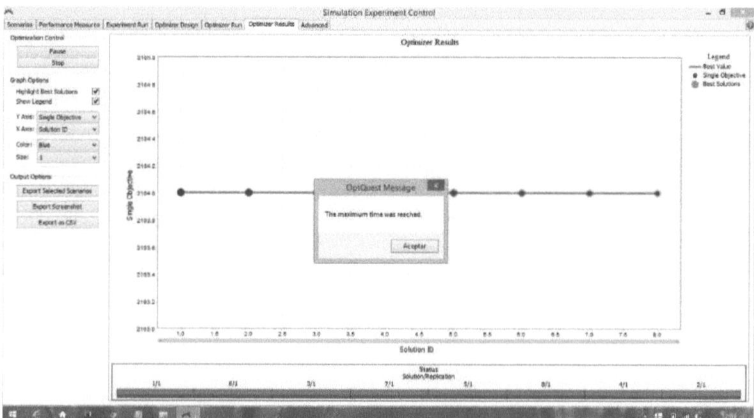

Figura 81 *Resultados del optimizador.*

5.5.2.4 Selección de la solución óptima (más aconsejable)

Aquí se toma la primera solución obtenida debido a que presenta resultados enteros para cada una de las máquinas tanto dispersadoras como mezcladoras lo que resulta de aplicación práctica.

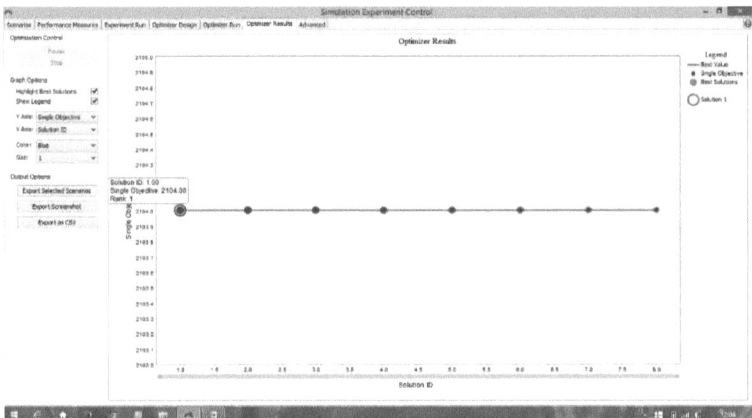

Figura 82 *Selección del mejor resultado*

Esta solución arroja los resultados de la Figura 83

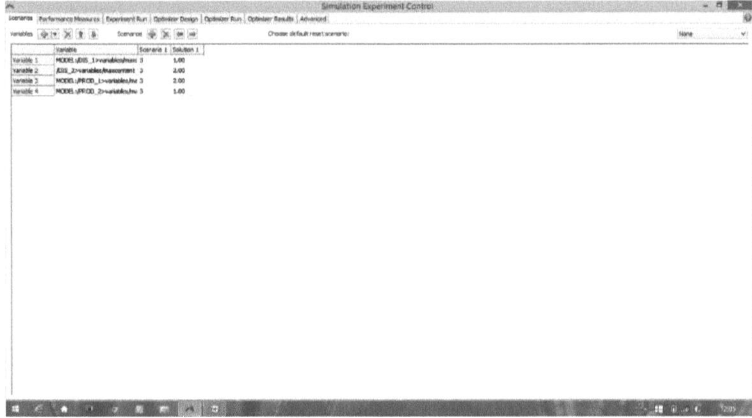

Figura 83 *Resultado del mejor escenario.*

Si se toma otra de las soluciones obtenidas con el optimizador, en este caso la solución 3, la cual se puede observar que presenta valores reales en la solución, que si bien cumplen con la optimización no son de aplicación práctica.

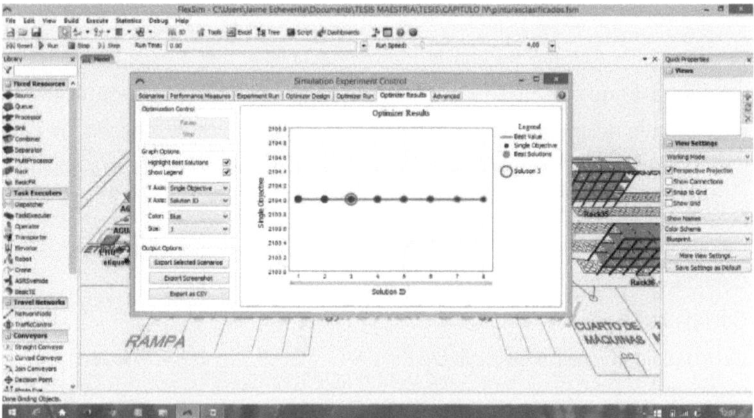

Figura 84 *Selección del tercer mejor resultado*

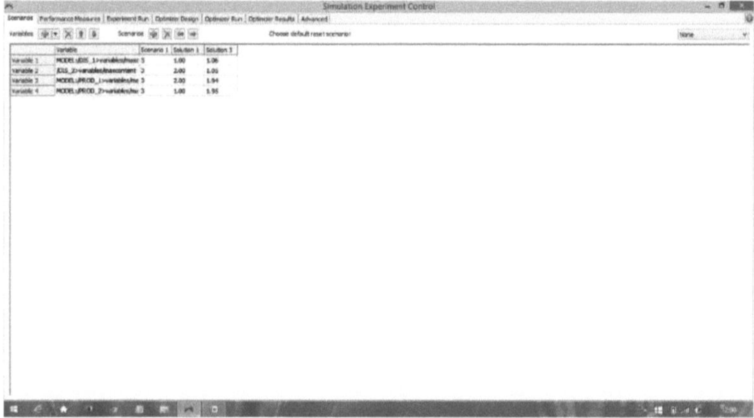

Figura 85 *Resultado del tercer mejor escenario.*

Finalmente cabe señalar la gran importancia que tiene la aplicación del optimizador y su importancia en la posibilidad de emitir comentarios y conclusiones que sirvan de gran ayuda en la parte final del presente trabajo.

Análisis de Resultados:

El optimizador entrega de una forma muy simple el mejor escenario posible de acuerdo a lo que se quiso optimizar, y en este estudio se puede observar de acuerdo a la solución 1 (mejor solución posible) que dicho escenario, es decir el máximo beneficio económico se logrará con la siguiente cantidad de máquinas:

Cantidad de dispersadoras producto 1:   1

Cantidad de dispersadoras producto 2:   2

Cantidad de mezcladoras producto 1:   2

Cantidad de mezcladoras producto 2:   1

CAPÍTULO 6

CONCLUSIONES Y RECOMENDACIONES

En este apartado se exponen las conclusiones y recomendaciones del proyecto en base a los resultados obtenidos en los capítulos precedentes.

6.1 CONCLUSIONES

- Al diseñar modelos de simulación es fundamental comprender que el mundo real es indeterminista, esto significa que hay variables que no se pueden controlar, a lo sumo estimar su comportamiento; estas variables son conocidas como variables aleatorias, y funcionan con fórmulas en el que el azar es el protagonista.

- El modelo de simulación de la fabricación y armado de los tubos de presión de la Central hidroeléctrica Toachi-Pilatón, se comporta de acuerdo a la información y los datos recogidos, sin embargo, la empresa no alcanzaría la meta de tener listo los 115 tubos. De acuerdo a la simulación solo se alcanzaría a fabricar y armar el 57.39% de los tubos en los 219 días que tiene proyectado la fábrica, es decir tan solo se producirían 66 tubos. Además, el tiempo ocioso de la roladora "DAVI" es del 63.3% y apenas el 32.4% del tiempo está trabajando. Este alto porcentaje de tiempo que la máquina permanece improductiva se debe a que los procesos posteriores al rolado, es decir, el corte, el biselado y la reparación del biselado, toman mucho tiempo tanto en preparación como en ejecución, lo que hace que no se alimente con más frecuencia a la roladora.

- Los procesos industriales en sus diferentes etapas: fabricación, montaje, producción, distribución y ventas pueden ser sujetos a simulación para potenciar sus beneficios y detectar cualquier tipo de errores o fallas que luego serán susceptibles de corrección. Sin lugar a dudas los procesos de simulación independientes del software que sea usado, son herramientas muy poderosas que permiten crean una realidad virtual donde se hace más simple el manejo de parámetros internos y externos con la facilidad de estudiar un sinnúmero de escenarios posibles de los cuales se podrá seleccionar el o los mejores para su adaptación a la realidad.

- Procesos simples dentro del campo de las aplicaciones a sistemas híbridos de producción, como, resultan ser la fabricación de pinturas permiten observar de forma muy sencilla en cada una de las etapas los diferentes elementos, materias, maquinarias y personal que intervienen en dichos proceso; ya que, la simulación inicia con un conocimiento pleno por parte del profesional de todos los detalles concernientes a las etapas secuenciadas que conforman el proceso de producción. Cabe notar que el conocimiento que se tuvo en planta y la apertura por parte del personal calificado es de gran ayuda para la generación del proceso de simulación y de igual manera para la generación de experimentaciones y optimizaciones de dicho modelo, lo que permite a la postre obtener resultados y sobre todos conclusiones que permitan como último la mejora del proceso en sus diferentes etapas.

- El presente documento deja abiertas líneas futuras de investigación para tesinas de maestría como para proyectos de pregrado debido al gran abanico de posibilidades que abarca la simulación de procesos industriales.

6.2 RECOMENDACIONES

- La recopilación, análisis e interpretación de resultados de un modelo de simulación estocástico, como el del presente proyecto, requiere buenos conocimientos de probabilidad y estadística.

- Se recomiendan 3 alternativas de mejora que SEDEMI podría implementar:

    1. Se propone duplicar el número de operarios en los procesos que más tiempo demandan, es decir, el biselado (de 4 a 8), la reparación del biselado (de 2 a 4), el armado de dos rolas (de 4 a 8), la prueba de END

(de 2 a 4) y la reparación para los tubos que no pasen la prueba de END (de 2 a 4). Con el doble de obreros trabajando en cada uno de los procesos considerados, se llegarían a fabricar hasta 82 tubos en los 219 días de simulación. En otras palabras, se llegaría a fabricar el **71.3%** de la meta planteada por SEDEMI, obteniéndose una mejora del **13.91%** (16 tubos adicionales). Además, se lograría una reducción del 9.1% en el tiempo ocioso de la (de 63.3% a 54.2%).

2. Una segunda acción de mejora es duplicar la zona de trabajo denominada Zona6, con lo cual, de acuerdo a la simulación se llegarían a fabricar hasta 88 tubos en los 219 días proyectados. Con esto se alcanzaría a fabricar el **76.52%** de la producción, obteniéndose una mejora del **19.13%** (22 tubos adicionales). Con esta propuesta, el tiempo improductivo de la roladora se mantiene en el 63.3%.

3. Finalmente, una tercera recomendación de mejora, de acuerdo a la optimización realizada, es que el número óptimo de obreros con el que debe trabajar la empresa para maximizar el beneficio económico obreros es 6 obreros en el proceso de biselado, 2 obreros en el proceso de reparación de biselado, 6 obreros en el proceso de armado de dos rolas, 3 obreros en el proceso de END, 3 obreros en el proceso de reparación de los tubos que no pasen el END y en el resto de procesos mantenerse con el número de operarios actual. De esta manera, la producción sería de 73 tubos en los 219 días proyectados. Es decir, se alcanzaría a fabricar **63.48%** de los tubos, obteniéndose una mejora en la producción del **6.09%** (7 tubos adicionales). El tiempo ocioso de la roladora con la optimización propuesta pasaría del 63.3% al 59.3%, lográndose una reducción del 4.0% en el tiempo que la máquina roladora pasa detenida.

- La aplicación de procesos de simulación deben estar acordes con conocimientos previos y sólidos de la estructura del DFMA y la Ingeniería Concurrente, así como también, de las diferentes técnicas de simulación que pueden ser utilizadas por lo que es muy recomendable que los aplicadores y profesionales en este campo sean capaces en base a su conocimiento previo de seleccionar y clasificar la información requerida para la aplicación del proceso de simulación más adecuado, el cual deber estar en plena concordancia con la empresa o planta en la cual se va a dar la aplicación.

- Es indudable que la simbiosis que debe existir entre universidad e industria es fundamental en el progreso y uso de herramientas tecnológicas disponibles, para lo cual es fundamental que exista también de ambas partes la colaboración mutua para obtener el máximo provecho posible, esto es, la formación experimental y en campo de los maestrantes y futuros profesionales por parte de la universidad y la posibilidad de aplicación de nuevas herramientas teóricas y tecnológicas por parte de la industria, solo así, es comprensible el adelanto y progreso de una país, tomando en cuenta que la participación de los estudiantes de la universidades debe estar enfocada en el adelanto de la sociedad en base a la mejora ostensible de la industria ecuatoriana.

- Se recomienda como futura línea de investigación el amplio uso de la programación en los paquetes de simulación que permiten personalizar y realizar modelos más realistas. Se podría modelar y sistematizar un proceso que utilice una lógica Kanban, es decir, un sistema de información que controle de modo armónico la fabricación de los productos necesarios en la cantidad y tiempo necesarios en cada uno de los procesos que tienen lugar tanto en el interior de la fábrica, como entre distintas empresas.

ANEXO A
DISTRIBUCIONES DE PROBABILIDAD PARA LOS TIEMPOS DE
PREPARACIÓN Y PROCESO DE LA FABRICACIÓN Y ARMADO DE LA TUBERÍA DE PRESIÓN TOACHI PILATÓN EN SEDEMI

Almacenamiento Materia Prima (llegada):

```
lognormal2( 0.000000, 28.808374, 0.332947, 1)
```

GranalladoPrepintado ST:

```
johnsonbounded( 59.907391, 70.573440, -0.157852, 0.479969, 3)
```

GranalladoPrepintado PT:

```
johnsonbounded( 59.907391, 70.573440, -0.157852, 0.479969, 3)
```

Corte ST:

```
johnsonbounded( 17.215155, 29.398110, 0.076796, 1.418421, 4)
```

Corte PT:

```
johnsonbounded( 50.038720, 53.760610, 0.277799, 0.543321, 5)
```

Biselado ST:
10 min

Biselado PT:
```
randomwalk( 413.955720, 0.081053, 0.490212, 6)
```

Inspección Biselado ST:
20 min

Inspección Biselado PT:
20 min

Reparación Biselado ST:
10 min

Reparación Biselado PT:
```
johnsonbounded( 110.238549, 140.861093, -0.207946, 1.044325, 7)
```

RoladoApuntalado ST:

```
beta( 29.572403, 37.379432, 0.973479, 0.996803,8)
```

RoladoApuntalado PT:

```
loglogistic( 242.705233, 7.313081, 2.121846, 9)
```

Soldado longitudinal ST:

30 min

Soldado longitudinal PT:

```
beta( 89.246191, 103.987327, 1.823953, 1.606768, 10)
```

ArmadoDosRolas Apuntalado ST:

```
beta( 712.211495, 751.107273, 2.212473, 2.195743, 11)
```

ArmadoDosRolas Apuntalado PT:

```
johnsonbounded( 324.062469, 380.390528, -0.237098, 1.098063, 12)
```

Colocación Soportes ST:

```
johnsonbounded( 239.678694, 250.594419, 0.036917, 0.599033, 13)
```

Colocación Soportes PT:

```
johnsonbounded( 117.986431, 146.098428, 0.279454, 1.053320, 14)
```

Prueba END ST:

60 min

Prueba END PT:

```
beta( 408.109826, 454.169298, 1.870551, 1.657261, 12)
```

Reparación END ST:

60 min

Reparación END PT:

```
beta( 437.220876, 481.451449, 0.829735, 0.642157, 13)
```

Pintura dos rolas ST:

```
johnsonbounded( 14.809347, 22.068127, 0.825799, 0.839295, 14)
```

Pintura dos rolas PT:

```
beta( 56.885171, 75.890271, 3.828619, 4.001447, 15)
```

Embarque PT:

```
beta( 59.736370, 71.842105, 1.002413, 1.064610, 16)
```

ANEXO B   INGRESOS Y EGRESOS APROXIMADOS DE SEDEMI POR CONCEPTO DE LA FABRICACIÓN Y ARMADO DE LA TUBERÍA DE PRESIÓN TOACHI PILATÓN

DATOS GENERALES

Días de trabajo	219
Horas de trabajo por día	8
Tiempo total de producción (h)	1752
Horas de trabajo por mes	160
Sueldo por obrero por mes (USD/(obrero mes))	500
Costo kwh de electricidad:	0.04

INGRESOS

Volumen de los tubos (m^3)	1.59
Densidad del acero (kg/ m^3)	7800
Peso total de cada tubo armado (kg)	12390.81
Precio del kg de acero (USD/kg)	2
Número de tubos armados	115
Factor de ganancia	4.5
Ingreso total	**12'824 486**

COSTOS DE MAQUINARIA

Máquinas:	Costo (USD)	Expectativa de vida (h)	Costo depreciación (USD/h)	Costo mantenimiento (80% Costo depreciación)	Costo de energía (USD/h)
Granalladora	30000	40000	0.75	0.60	1.20
Cortadora	60000	60000	1.00	0.80	1.00
Roladora	200000	100000	2.00	1.60	1.80
Soldadora (longitudinal)	10000	40000	0.25	0.20	1.00
Soldadora (armado dos rolas)	15000	50000	0.30	0.24	1.20
Máquina de ultrasonido (END)	10000	4000	2.50	2.00	0.80
		Total	**6.80**	**5.44**	**7.00**

COSTOS DE MANO DE OBRA

	Número de obreros	Costo total de mano de obra (USD/mes)	Costo total de mano de obra (USD/h)
Almacenamiento materia prima	4	2000	12.50
Granallado y pintado	3	1500	9.38
Corte	3	1500	9.38
Biselado	4	2000	12.50
Inspección y reparación biselado	2	1000	6.25
Rolado	3	1500	9.38
Apuntalado	2	1000	6.25
Soldadora (longitudinal)	2	1000	6.25
Soldadora (armado dos rolas)	4	2000	12.50
Colocación de soportes de sujeción	4	2000	12.50
Prueba de ultrasonido (END)	2	1000	6.25
Reparación de armado y soportes	2	1000	6.25
Pintado	2	1000	6.25
Embarque	2	1000	6.25
Total	39	19500	**121.88**

COSTOS FIJOS (MATERIA PRIMA)

Volumen planchas de acero (m3)	1.62
Número de planchas:	230
Costo total de planchas (USD)	**5'812560.00**

COSTOS TOTALES

Costos fijos (materia prima) (USD)		**5812560.00**
Costos variables	Costos maquinaria (USD)	**33708.48**
	Costos mano de obra (USD)	**213525.00**
Costo total:		**3583137.48**

BENEFICIO

Ingreso total	12'824 486
Costo total	3583137.48
Beneficio	**3777002.69**

BIBLIOGRAFÍA

Aguayo, F., & Soltero, V. (2002). *Metodología del diseño industrial. Un enfoque desde la ingeniería concurrente.* Madrid: Editorial Ra-Ma.

Baca, G. (2010). *Evaluación de proyectos* (6 ed.). México D.F.: McGRAW-HILL.

Barba, E. (2001). *Ingeniería Concurrente.* Barcelona : Ediciones Gestión.

Calderón, A. (2012). *Tecnologías de manufactura avanzada.* México D.F.: CIATEQ.

Caselli, H. (2009). *Manual de simulación con Arena* (2 ed.). Chimbote: Universidad Nacional del Santa.

Chung, C. A. (2004). *Simulation Modeling Handbook* (1 ed.). Washington: CRC Press.

Córdova, F. (2012). *Mejoras en el proceso de fabricación de spools en una empresa metalmecánica usando manufactura esbelta.* Lima: Pontificia Universidad Católica del Perú.

Creus, A. (2007). *Simulación y control de procesos por ordenador* (1 ed.). Madrid: Editorial Marcombo.

Del Castillo, F. (2009). *Lecturas de ingeniería 6. La manufactura esbelta.* Cuautitlán: Departamento de ingeniería, Facultad de estudios superiores Cuautitlán.

Enríquez, B., & Redchuk, A. (2013). *Optimización matemática con R. Introducción al modelado y solución de problemas.* Madrid: Bubok Publishing S.L.

Eppinger, S. (2004). *Diseño robusto: Experimentación para obtener mejores productos.*Massachusetts: MIT Sloan School of Management.

Ferrer, F., Moras, C., Fernández, R., & Álvarez, C. (2013). *Aplicación de simulación para el incremento de la productividad de una empresa generadora de panela en la ciudad de Tuxtepec.* Tuxtepec.

FlexSim Problem Solved. (Junio de 2015). Obtenido de https://www.flexsim.com

Flores, I. (2013). *Simulación y Optimización Aplicada a Problemas Industriales.* México D.F.: Universidad Nacional Autónoma de México.

Fukuda, S., & Salwinski, J. (2010). *New World Situation: New Directions in Concurrent Engineering.*New York: Editorial Springer.

Guasch, A., & Piera, A. (2002). *Modelado y simulación: Aplicación a procesos logísticos de fabricación y servicios.* Barcelona: Editorial UPC.

Hernández, J., & Vizán, A. (2013). *Lean manufacturing.* Madrid: Escuela de organización industrial.

Lanaspa, R. (2010). *Diseño Robusto de Procesos, Mejora y Reducción de Costes.* Madrid: XV Congreso de Calidad y Medio Ambiente.

Morales, P., & Anderson, D. (2015). *Process Simulation and Parametric Modeling for Strategic Project Management.* New York: Editorial Springer.

Moras, C., Hernández, C., Osorio, R., & Sánchez, J. (2010). *Aplicación de simulación en el área de producción de empaques de la empresa EHICO S.A. para el incremento de su productividad.*Veracruz: Academia Journals.

Pawlewski , P., & Greenwood, A. (2014). *Process Simulation and Optimization in Sustainable Logistics and Manufacturing.*Washington: Editorial Springer.

PRODINTEC. (2010). *DFMA: Diseño para la fabricación y el montaje.* Asturias.

Riba, C. (2010). *Diseño Concurrente.* Barcelona: Escuela Politécnica de Catalunya.

Stjepandic, J., & Rock, G. (2013). *Concurrent Engineering Approaches for Sustainable Product Development in a Multi-Disciplinary.* New York: Editorial Springer.

Taguchi, G., & Don, C. (1990). *Robust Quality.*Cambridge: Harvard Business Review.

Torres, E., Sanz, V., Guerrero, C., & Juárez , D. (2014). *Ingeniería concurrente aplicada al modelo de diseño de producto.* Valencia: Editorial 3 Ciencias.

Urquía, A., & Martín, V. (2013). *Modelado y simulación de eventos discretos.* Madrid: Edición digital: Universidad Nacional de Educación a Distancia.

VaticGroup. (29 de Julio de 2015). Capacitación avanzada de FlexSim. Bogotá, Colombia.

VaticGroup. (20 de Julio de 2015). Capacitación básica de FlexSim. Bogotá, Colombia.

Vizán, A. (2014). *Introducción a la simulación.* Madrid: Universidad Politécnica de Madrid.

yes
I want morebooks!

Buy your books fast and straightforward online - at one of world's fastest growing online book stores! Environmentally sound due to Print-on-Demand technologies.

Buy your books online at
www.morebooks.shop

¡Compre sus libros rápido y directo en internet, en una de las librerías en línea con mayor crecimiento en el mundo! Producción que protege el medio ambiente a través de las tecnologías de impresión bajo demanda.

Compre sus libros online en
www.morebooks.shop

KS OmniScriptum Publishing
Brivibas gatve 197
LV-1039 Riga, Latvia
Telefax: +371 686 204 55

info@omniscriptum.com
www.omniscriptum.com